高等职业教育计算机系列教材

大学信息技术基础

（Windows 10+Office 2019）

汪婵婵　陈汉伟　邵佳靓　主　编

高和平　曹钱宇　傅贤君　副主编

U0268349

电子工业出版社

Publishing House of Electronics Industry

北京·BEIJING

内 容 简 介

本书从日常办公应用实际出发，按照全国计算机等级考试大纲的要求，基于"岗位需求导向、工作场景驱动、工作能力培养"的理念，以实际工作岗位的办公能力为目标确定教材内容。本书使用项目化的教学模式、任务驱动的教学方法组织编写而成，体现"密切结合实际工作场景""教、学、做"一体化的教学理念和实践特点。

本书以 Windows 10 和 Office 2019 为平台，内容划分为"6 个项目、21 个项目任务、21 个任务演练、17 个拓展任务、17 个课外巩固任务"，每个项目任务以"任务目标→任务场景→任务准备→任务演练→任务拓展→任务巩固"为主线展开，所有任务实训案例以实际工作场景为背景，深入解析高效办公的方式方法，主要介绍 Windows 10 操作系统、Word 2019 文字处理、PowerPoint 2019 演示文稿、Excel 2019 电子表格、常用多媒体软件（Camtasia、Photoshop）、新一代信息技术概述等内容，读者能够通过任务案例完成相关知识的学习和技能的训练，全面感知工作应用场景，并形成良好的职业素养。

本书配有微课视频、练习素材、电子课件、教案等教学资源，可作为高职高专院校"信息技术"课程的教学用书，也可作为成人高等院校、各类培训班、企事业单位在职人员、计算机从业人员的参考用书。

图书在版编目（CIP）数据

用微课学大学信息技术基础：Windows 10+Office 2019 / 汪婵婵，陈汉伟，邵佳靓主编. —北京：电子工业出版社，2021.8

ISBN 978-7-121-41745-0

Ⅰ．①用…　Ⅱ．①汪…　②陈…　③邵…　Ⅲ．①Windows 操作系统②办公自动化—应用软件　Ⅳ.①TP316.7 ②TP317.1

中国版本图书馆 CIP 数据核字（2021）第 158428 号

责任编辑：徐建军　　文字编辑：田　恬
印　　刷：三河市鑫金马印装有限公司
装　　订：三河市鑫金马印装有限公司
出版发行：电子工业出版社
　　　　　北京市海淀区万寿路 173 信箱　邮编 100036
开　　本：787×1 092　1/16　印张：16.75　字数：428.8 千字
版　　次：2021 年 8 月第 1 版
印　　次：2025 年 1 月第 7 次印刷
定　　价：59.90 元

凡所购买电子工业出版社图书有缺损问题，请向购买书店调换。若书店售缺，请与本社发行部联系，联系及邮购电话：（010）88254888，88258888。

质量投诉请发邮件至 zlts@phei.com.cn，盗版侵权举报请发邮件至 dbqq@phei.com.cn。

本书咨询联系方式：（010）88254570，xujj@phei.com.cn。

前言
Preface

2021 年 4 月 1 日教育部办公厅关于印发《高等职业教育专科信息技术课程标准（2021 年版）》（简称国标）中强调：信息技术涵盖信息的获取、表示、传输、存储、加工、应用等各种技术。信息技术已成为经济社会转型发展的主要驱动力，是建设创新型国家、制造强国、网络强国、数字中国、智慧社会的基础支撑。提升国民信息素养，增强个体在信息社会的适应力与创造力，对个人的生活、学习和工作，对全面建设社会主义现代化国家具有重大意义。

高等职业教育专科信息技术课程是各专业学生必修或限定选修的公共基础课程。学生通过学习本课程，能够增强信息意识、提升计算思维、促进数字化创新与发展能力、树立正确的信息社会价值观和责任感，为其职业发展、终身学习和服务社会奠定基础。

随着当今计算机技术的迅猛发展，各行各业进入数字化改革新阶段，大学毕业生的计算机应用能力已成为用人单位衡量学生业务能力的指标之一，"信息技术"是高职院校的计算机公共基础课程，涉及的学生人数多、专业面广、影响大，是培养学生办公能力、提升信息素养的必要课程，本书以实际工作场景为背景，将 Windows10 系统、Office 2019 办公软件、常用多媒体软件的使用和计算机领域云计算、大数据、物联网、人工智能新技术贯穿于所有任务实训案例，并根据计算机等级考试大纲的要求，深入浅出地介绍知识，提升技能。

本书采用"任务驱动、案例教学、过程指导、探究实践"的编写模式，通过"6 个项目、21 个项目任务、21 个任务演练、17 个拓展任务、17 个课外巩固任务"，精心设计相关实例，模拟知识点的实际应用，每个项目任务又以"任务目标→任务场景→任务准备→任务演练→任务拓展→任务巩固"为主线，深入解析高效办公的方式方法，全面感知工作应用场景，进一步培养学生的操作能力。

本书的主要内容如下。

项目 1：Windows 10 操作系统。通过 1 个任务，即"我的第一台个人工作电脑"，介绍 Windows 10 的基本设置和管理方法。

项目 2：Word 2019 文字处理。通过 5 个任务，即"制作企业公文""制作企业活动文档""制作企业宣传文档""制作商务文件""制作长文档"，介绍 Word 2019 文字处理软件。

项目 3：PowerPoint 2019 演示文稿。通过 4 个任务，即"制作产品介绍及调研会海报""制作产品市场调研和产品介绍演示文稿""制作交互的公司宣传册""制作企业年会系列幻灯片"，介绍 PowerPoint 2019 演示文稿软件。

项目 4：Excel 2019 表格处理。通过 5 个任务，即"制作会议室工作表""制作销售数据分析表""制作人事信息数据表""制作销售数据统计图表""制作产品采购销售分析表"，介绍 Excel 2019 表格处理软件。

项目 5：常用多媒体软件。通过 2 个任务，即"制作公众号推文图片素材""制作培训视频资源"，介绍基本的图像处理和视频剪辑方法。

项目 6：新一代信息技术概述。通过 4 个任务，即"云计算""大数据""物联网""人工智能"，介绍计算机领域的前沿技术。

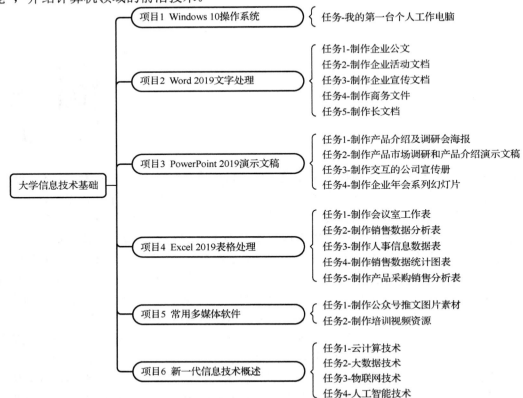

本书注重合理安排内容结构，具有系统全面、条理清晰、图文并茂、通俗易懂、实用性强的特点。本书既可作为高职高专院校"信息技术"课程的教材，也可作为成人高等院校、各类培训班、企事业单位在职人员、计算机从业人员的参考用书。

本书是浙江省高等教育"十三五"第二批教学改革研究项目（项目编号：jg20191060）、2020 年浙江省中华职业教育科研项目（项目编号：ZJCVB35）、2020 年中国职业技术教育学会课题（项目编号：2020C0525）、浙江省高等教育学会 2021 年度高等教育研究课题（项目编号：KT2021342）、浙江省高等教育学会 2021 年度高等教育研究课题（项目编号：KT2021331）的教学改革成果，同时也得到了浙江安防职业技术学院的大力支持。

本书由浙江安防职业技术学院的汪婵婵、陈汉伟、邵佳靓担任主编，由高和平、曹钱宇、傅贤君担任副主编，全书由汪婵婵统稿，项目 2 由汪婵婵、傅贤君、曹钱宇编写，项目 1、5 由陈汉伟编写，项目 3 由邵佳靓、曹钱宇编写，项目 4 由高和平、傅贤君编写，项目 6 由曹钱宇编写，参与编写的还有朱林娜、叶晓晓、余俊芳、王汐韵。

为便于读者学习，本书配有微课视频，读者扫描书中相应的二维码，便可以用微课方式进行在线学习。编者还为本书配备了电子课件、练习素材、教案等教学资源，读者可以在华信教育资源网（www.hxedu.com.cn）注册后免费下载。同时，所有教学资源在浙江省高等学校精品在线开放课程共享平台实现共享，欢迎教师用户使用该平台开展线上、线下混合式教学。如需帮助，请与编者联系（QQ：401593624）。

由于时间仓促，书中难免存在不足之处，敬请各界专家和读者朋友给予指正。

编 者

目 录
Contents

项目 *1*

Windows 10 操作系统

项目介绍

计算机是一种用于高速计算的电子计算机器，可以进行数值和逻辑计算，还具有存储记忆功能。计算机技术已经深入社会生活的各个领域，成为信息社会中必不可少的工具。计算机是由硬件系统（hardware system）和软件系统（software system）两部分组成的。Microsoft Windows 操作系统是美国微软公司研发的一套计算机操作系统，第一个版本于 1985 年发布，此后不断地更新升级，目前已经更新到 Windows 10，简单易用，成为当前应用最广泛的操作系统之一。

任务安排

任务　我的第一台个人工作电脑

学习目标

◇ 掌握 Windows 10 的基本设置方法
◇ 掌握常用应用软件的安装和卸载方法
◇ 掌握计算机的网络配置方法
◇ 掌握文件和文件夹的管理方法
◇ 掌握磁盘管理的基本方法

任务　我的第一台个人工作电脑

🔘 任务目标

- ❖ 掌握 Windows 10 的基本设置方法
- ❖ 掌握计算机的网络配置方法
- ❖ 掌握常用应用软件的安装和卸载方法
- ❖ 掌握打印机设备的连接方法
- ❖ 掌握文件和文件夹的管理方法
- ❖ 掌握电脑的个性化配置方法
- ❖ 掌握磁盘清理方法

🔘 任务场景

小傅是一名 IT 公司的新员工，上班第一天，他需要到人事处报到，并且到后勤保障处领取电脑。小傅需要尽快完成工作电脑的配置，师傅要求他阅读公司的规章制度及岗位相关的工作文档，完成一些简单任务，并撰写一份岗位认知报告，打印后提交给师傅审读，并将报告以邮件形式发送给部门领导。

🔘 任务准备

任务准备

1.1.1　Windows 10 中的账户设置

选择"开始"菜单→"设置"→"账户"→"账户信息"，在"创建头像"面板下，选择"相机"或者"从现有图片中选取"。系统会记住最近使用过的前三张图片。单击头像旁边的图片可以切换到相应的图片，如图 1.1 所示。

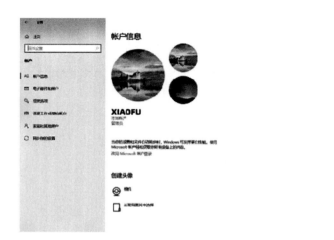

图 1.1　Windows 10 头像设置

如果要设置用户的登录方式，请依次转到"开始"→"设置"→"账户"→"登录选项"，如图 1.2 所示。"登录选项"页面上提供 Windows Hello 人脸、Windows Hello 指纹、Windows Hello PIN、安全密钥、密码、图片密码。此外，用户可以利用"需要登录"功能设置是否需要在离开后重新登录到设备；利用"动态锁"功能设置在用户离开时自动锁定设备；利用"隐私"功能，在登录屏幕上显示或隐藏个人信息，并允许设备在更新或重启后使用登录信息重新打开应用。

图 1.2 Windows 10 登录选项配置

1.1.2 Windows 10 中的系统设置

1. 显示设置

选择"开始"菜单→"设置"→"系统"→"显示"，进入"显示设置"界面，如图 1.3 所示，可对大部分高级显示属性进行设置。

图 1.3 Windows 10 显示设置界面

"亮度和颜色"下的滑块，用于调整屏幕的亮度，保证用户使用电脑时的眼睛舒适度。当进入夜晚或光线较暗的场所，单击夜间模式设置，可调整显示器的色温，使显示器光线变柔和。

"缩放和布局"下的下拉菜单，用于更改文本和应用的大小。Windows 10 已经默认设置了一个较为合适的百分比，但用户依然可以根据自己的喜好和屏幕空间来调整内容的大小。

"显示分辨率"下的下拉菜单，用于更改屏幕分辨率。但是用户应当使用推荐的分辨率，因为更改分辨率，可能会使内容模糊或像素化。

2. 电源和睡眠

选择"开始"菜单→"设置"→"系统"→"电源和睡眠"，进入"电源和睡眠"界面，可调整 Windows 10 中的电源和睡眠设置。"屏幕"下的下拉菜单，用于选择计算机在无人使用时，屏幕关闭前的等待时间。"睡眠"下的下拉菜单，用于选择计算机在无人使用时，进入睡眠状态的等待时间。面板右侧的"其他电源设置"，可用于更改计算机在"按下电源按钮时""按下睡眠按钮时"和"关闭盖子时"的电源使用方式，如"不采取任何操作""睡眠""关机"等，如图 1.4 所示。

图 1.4　Windows 10 电源和睡眠设置界面

1.1.3　个性化的主题

1. 背景设置

选择"开始"菜单→"设置"→"个性化"→"背景"，进入"背景"设置界面，可根据用户的喜好，设置 Windows 10 中的桌面背景。"背景"下的下拉菜单，用于选择一张图片、一种纯色，或者创建一组图片的幻灯片放映作为 Windows 10 的桌面背景，如图 1.5 所示。

2. 颜色设置

选择"开始"菜单→"设置"→"个性化"→"颜色"，进入"颜色"设置界面，可设置 Windows 10 中的任务栏和开始菜单的样式。在"颜色"面板中，用户可以简单地选择"深色"或"浅色"对默认 Windows 模式和默认应用模式进行设置；也可以勾选"从我的背景自动选取一种主题色"让 Windows 从背景中抽取一个主题色，或者直接选择自己喜好的颜色，如图 1.6 所示。

3. 锁屏设置

选择"开始"菜单→"设置"→"个性化"→"锁屏界面"，进入"锁屏"设置界面，可设置 Windows 10 中的锁屏背景和屏幕保护。

"锁屏界面"中的下拉菜单，用于将锁屏背景更改为用户个性化的照片或幻灯片放映，或者选择详细信息和快速状态通知的任意组合，以显示日历中记录的即将发生的事件、社交网络更新及其他应用和系统通知。

图 1.5　Windows 10 桌面背景设置界面

图 1.6　Windows 10 颜色设置界面

　　若在下拉菜单中选择"Windows 聚焦"，Windows 将每天自动更新拍摄自全球各地的新图像，还可以显示有关充分利用 Windows 的提示和技巧。

　　面板最下方的"屏幕保护程序设置"，可设置"3D 文字""变换线""彩带"等屏幕保护程序及其相关属性，如图 1.7 所示。

图 1.7　Windows 10 锁屏设置界面

4. 声音设置

选择"开始"菜单→"设置"→"个性化"→"主题"→"声音"，进入"声音主题"设置页面，设置 Windows 10 中的声音方案。在声音设置页面，展开声音方案下拉菜单，在展开的声音方案中可选择"无声"方案，使 Windows 操作无音效。在程序事件中，选中特定的事件，进行个性化音效的设置，如图 1.8 所示。

图 1.8　Windows 10 系统声音设置界面

5. 鼠标光标

选择"开始"菜单→"设置"→"个性化"→"主题"→"鼠标光标"，进入"鼠标属性"设置页面，设置 Windows 10 中的鼠标指针样式。在鼠标属性设置页面，选择指针选项卡，展开方案下拉菜单，选择合适的鼠标样式方案。在自定义面板中，也可以单独选择特定状态的指针，修改其图标样式，如图 1.9 所示。

图 1.9　Windows 10 鼠标光标设置界面

1.1.4 时间和语言设置

1. 时间和日期设置

选择"开始"菜单→"设置"→"时间和语言"→"日期和时间",进入"日期和时间"设置页面,设置 Windows 10 中的日期和时间。用户可以打开"自动设置时间"开关,让 Windows 10 根据网络信息自动设置时间和时区,或者关闭"自动设置时间"开关,对时间和时区进行手动设置,如图 1.10 所示。

图 1.10　Windows 10 时间和语言设置界面

2. 语言设置

选择"开始"菜单→"设置"→"时间和语言"→"语言",进入"语言"设置页面,设置 Windows 10 中的显示语言。"语言"设置界面中,"Windows 显示语言"下拉菜单,可选择用户希望显示的语言在"首选语言"下,也可添加、删除或者修改输入语言。选择包含所需键盘(即输入法)的语言,然后选择"选项",选择"添加键盘",然后选择要添加的键盘。如果未发现所需键盘,须添加新语言以获取更多选项,如图 1.11 所示。

图 1.11　Windows 10 语言设置界面

1.1.5　网络配置

选择"开始"菜单→"设置"→"网络和 Internet"→"状态"，查看网络状态，如图 1.12 所示。

图 1.12　Windows 10 网络状态界面

选择"更改适配器选项"进入网络连接窗口，如图 1.13 所示。

图 1.13　Windows 10 网络连接窗口

右击"以太网"图标，选择"属性"菜单，打开以太网属性窗口，如图 1.14 所示。

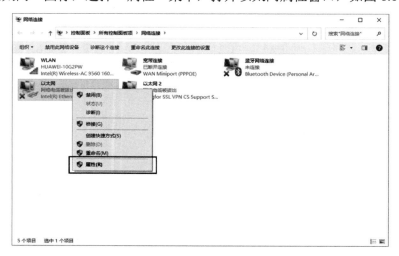

图 1.14　网络属性菜单

在窗口中找到"Internet 协议版本 4（TCP/IPv4）"选项，双击打开其属性设置窗口。

在窗口中选择"使用下面的 IP 地址"，并在相应位置填写公司分配的 IP 地址、子网掩码和默认网关信息，如图 1.15 所示。

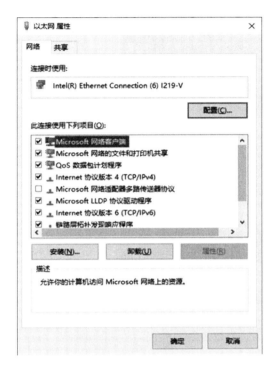

图 1.15　网络属性设置窗口

1.1.6　常用应用软件

应用软件是利用计算机解决某类问题而设计的程序的集合，可满足用户不同领域的应用需求，可以拓宽计算机系统的应用领域，放大硬件的功能。安装应用软件时，一般根据不同软件的安装向导，把压缩的文件释放出来，还原成可读取的文件，并在注册表中写入信息。

表 1.1　常用应用软件

办公软件	Microsoft Office、WPS Office、有道云笔记、印象笔记、Adobe Reader、福晰阅读器、CAJViewer
邮件收发	Foxmail、Microsoft Outlook
压缩软件	WinRAR、7-zip、好压、快压
输入法	搜狗输入法、QQ 拼音、百度输入法
聊天工具	微信、QQ、钉钉
图像处理	Adobe Photoshop、Adobe Illustrator、美图秀秀
浏览器	谷歌浏览器、火狐浏览器、Edge 浏览器
安全软件	腾讯电脑管家、360 安全卫士

软件的卸载

（1）从"开始"菜单卸载：选择"开始"菜单，然后在显示的列表中查找应用或程序；长按或右击应用，然后选择"卸载"，如图1.16所示。

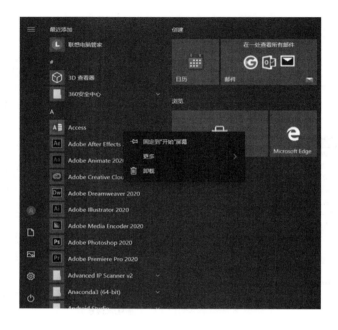

图1.16　通过"开始"菜单卸载应用程序

（2）通过"设置"页面卸载：选择"开始"菜单，依次选择"设置"→"应用"→"应用和功能"，选择要删除的应用，然后选择"卸载"，如图1.17所示。

图1.17　通过"设置"页面卸载应用程序

（3）从"控制面板"中卸载：在"开始"菜单中找到并打开"控制面板"；选择"程序"→"程序和功能"；长按或右击要删除的程序，选择"卸载"或"卸载/更改"。然后，按照屏幕上的指示操作，如图1.18所示。

图 1.18　通过"控制面板"卸载应用程序

1.1.7　连接打印机设备

选择"开始"菜单→"设置"→"设备"→"打印机和扫描仪",查看设备状态;选择"添加打印机或扫描仪"。等待 Windows 搜索附近的打印机,然后选择你想要使用的打印机并单击"添加设备";网络打印机有较大的可能性无法被 Windows 搜索到,可直接选择"我需要的打印机不在列表中",如图 1.19 所示。

图 1.19　Windows 10 打印机管理界面

1.1.8　文件和文件夹的管理

1. 文件查看方式

打开文件夹,选择"查看"选项卡后会弹出所有的查看方式选项,在"布局"组中,选择"详细信息"的查看方式;这样操作只能实现当前文件夹中的图片查看方式发生改变,如果想要所有图片的查看方式都如此，请再次选择菜单栏中的"查看"选项卡，选择右边的"选项"按钮，进入文件夹选项设置窗口，在文件夹选项窗口，切换到查看选项卡，选择"应用到文件夹"按钮，再按"确定"按钮，如图 1.20 所示。

图 1.20　Windows 10 资源管理器文件查看方式

2. 新建文件夹

要创建新的文件夹，右击选择"新建"→"文件夹"，输入文件夹名称，按回车键即可完成文件夹的创建。

➢ 小技巧：按[Ctrl+Shift+N]，可直接创建新的文件夹。

3. 文件命名和重命名

在 Windows 系统中，文件的命名需要遵循以下规则：

（1）文件或者文件夹名称不得超过 255 个英文字符，如果使用中文字符则不能超过 127 个汉字；

（2）文件或文件夹名称除了开头之外任何地方都可以使用空格；

（3）文件或文件夹名称中不能含有"？""、""/""\""*""<""→""|"等字符；

（4）同一文件夹下，不能有两个相同名称的文件或者文件夹，如果相同则命名不成功。

若要进行重命名，首先选择要重命名的文件夹，单击功能区中的"重命名"按钮，或者右击文件夹利用快捷菜单选择"重命名"，输入新的文件夹名称，按回车键或者在空白区域单击，即可完成重命名。

4. 文件复制、移动、删除、还原

文件复制、移动、删除、还原等操作的快捷方式如表 1.2 所示。

表 1.2　文件操作详解

操 作 名 称	操 作 方 法	快 捷 键
复制	选择文件，右击选择复制，在需要放置文件夹的地方右击选择粘贴	[CTRL+C] [CTRL+V]
移动	右击文件，选择剪切再粘贴的方法进行	[CTRL+X] [CTRL+V]
删除	右击选择删除再选择"是"，即可删除文件	[DELETE] [CTRL+D] [SHIFT+DELETE]
还原	打开回收站，选择需要还原的文件，右击选择还原即可	[CTRL+Z]

5. 文件搜索

打开资源管理器或我的电脑；选择你要搜索的文件所在的磁盘或文件夹，如"C 盘"，假如忘记文件存储的磁盘，则选择"此电脑"或"我的电脑"；在右上方搜索框中输入关键字"工作文档"，接着选择"搜索"按钮，等待搜索结果，如图1.21 所示；选择菜单栏中"搜索"选项卡，可根据修改日期，文件大小等项目进行筛选；选中搜索结果中的文件或文件夹，可以直接打开它，或右击打开它所在的位置。

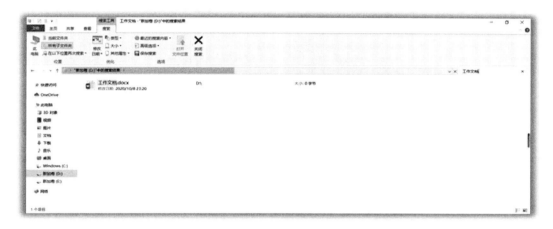

图 1.21　Windows 10 资源管理器文件搜索

➡ 任务演练——工作电脑的个性化配置

任务演练

小傅领取了自己的工作电脑，他需要完成 Windows 的基本设置，将电脑接入公司的网络，下载安装常用的应用软件，进入部门的工作群下载并阅读公司的规章制度及岗位相关的工作文档，完成一些简单的工作任务。

1. 为计算机设置安全的密码

选择"开始"菜单→"设置"→"账户"→"登录选项"→"密码"，单击其中的"更改"按钮，如图1.22 所示。

图 1.22　登录选项界面

输入当前的密码，选择"下一步"，在新的界面中设置新的密码和密码提示，选择"下一步"按钮，然后单击"完成"按钮，如图 1.23 所示。

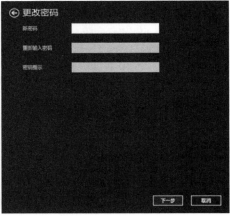

图 1.23　更改密码界面

2. 设置计算机的主题和桌面背景

选择"开始"菜单→"设置"→"个性化"→"背景"，进入"背景"设置页面，选取喜好的图片作为桌面背景，如图 1.24 所示。

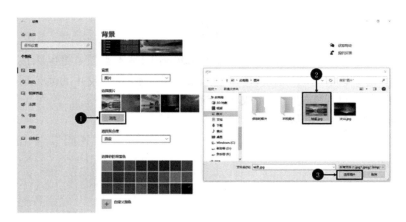

图 1.24　设置背景的基本步骤

选择"开始"菜单→"设置"→"个性化"→"颜色"，进入"颜色"设置页面，滚动下滑至"选择你的主题颜色"，将 Windows 10 中的任务栏和开始菜单的颜色样式从"默认蓝色"设置为"深蓝色"，如图 1.25 所示。

3. 安装常用工具软件

不同软件的安装方法大同小异，本步骤以谷歌浏览器为例，讲解常用应用软件的安装和使用。

通过搜索引擎查找谷歌浏览器，进入官方网站的下载页面。注意查看搜索引擎认证的"官方"字样标签，如图 1.26 所示。

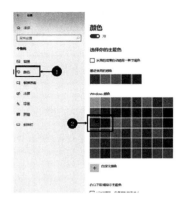

图 1.25　设置主题颜色的基本步骤

图 1.26　搜索官方软件安装包

单击下载链接下载安装包，运行安装包并执行安装，如图 1.27 所示。

图 1.27　下载并安装软件

双击桌面谷歌浏览器图标，运行浏览器，如果在浏览网页的同时，希望收藏感兴趣的内容便于下次查看，可单击地址栏右侧的星形按钮，对当前浏览的页面进行收藏，如图 1.28 所示。

图 1.28　谷歌浏览器软件界面

4．卸载预置的娱乐软件

选择"开始"菜单，然后依次选择"设置"→"应用"→"应用和功能"。选择要删除的音乐或游戏等应用，然后选择"卸载"，如图 1.29 所示。

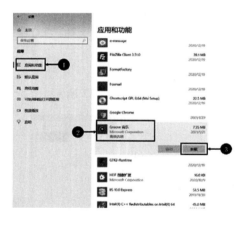

图 1.29　卸载预置的娱乐软件

➡ 任务拓展——整理计算机中的文件

小傅需要阅读企业及岗位的相关资料，资料打包在一个压缩文件中，解压后发现资料数量多、种类多，阅读时不方便，他决定对文件进行整理，而且在查看工作文件时，小傅习惯以大图标的查看方式来查看，并且按文件类型进行分组布局，文件信息一目了然。

任务拓展

1．解压压缩文件

右击"资料文档.rar"，选择"解压到当前文件夹"，将压缩包内的所有文件解压到当前文件夹，如图 1.30 所示。

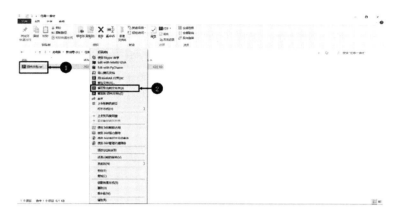

图 1.30　解压压缩文件

2．文件查看

在资源管理器中选择"查看选项卡"，在"布局"功能区中，选择"大图标"，如图 1.31 所示。

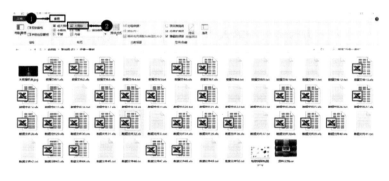

图 1.31　更改文件的查看方式

在资源管理器中选择"查看选项卡"，在"当前视图"功能区中，选择"分组依据"→"类型"，如图 1.32 所示。

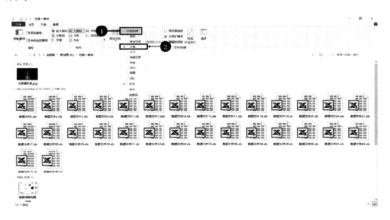

图 1.32　更改文件的布局方式

3. 文件操作

在当前文件夹中，右击空白处，选择"新建"→"文件夹"，创建"数据""文本""图片"三个文件夹，并且将所有扩展名为 xls 的文件移动到"数据"文件夹中，所有 txt 文件移动到"文本"文件夹中，jpg 和 png 文件移动到"图片"文件夹中，如图 1.33 所示。

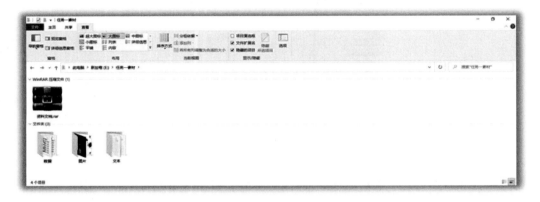

图 1.33　创建文件夹和移动文件

在当前视图中，在右上方搜索栏中输入"物联网"，并将搜索到的文件进行删除，如图 1.34 所示。

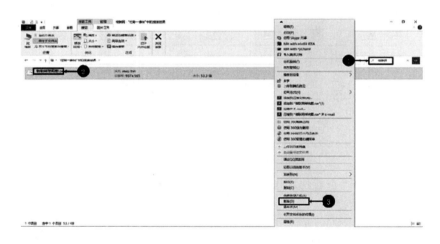

图 1.34　删除搜索到的图片文件

➢ 小技巧：用户可以使用通配符模糊搜索文件，通配符主要有星号(*)和问号(?)，当查找文件夹时，可以使用它来代替一个或多个真正字符。

➢ 小技巧：Windows 提供了文件夹选项功能，可以自定义是否需要显示隐藏文件、文件后缀及进行缩略图设置等。

➔ 任务巩固——磁盘清理

小傅在工作了一段时间之后，发现磁盘空间消耗较大，除了常规的文件，在使用系统的过程中，还会产生许多临时文件、弃用的文件，需要利用系统工

任务巩固

具完成磁盘空间的释放，操作效果如图 1.35 所示。

图 1.35　磁盘清理

项目 2

Word 2019 文字处理

项目介绍

Word 2019 是 Microsoft 公司开发的 Office 2019 办公组件之一，集合了文字、图像和数据编辑功能于一身，是最受欢迎的文档格式设置工具，利用它可以更轻松、高效地组织和编写文档。

任务安排

任务 1　制作企业公文

任务 2　制作企业活动文档

任务 3　制作企业宣传文档

任务 4　制作商务文件

任务 5　制作长文档

学习目标

✧ 掌握文本、段落格式的设置方法

✧ 掌握特殊文本、图形形状的插入方法

✧ 掌握项目符号和编号的设置方法

✧ 掌握表格的创建、编辑、美化方法

✧ 掌握表格公式的使用

◇ 掌握文本分栏的设置

◇ 掌握文本框、艺术字的使用方法

◇ 掌握形状的排列与组合方法

◇ 掌握邮件合并的操作方法

◇ 掌握长文档的排版操作方法

◇ 掌握目录生成的方法

任务 1　制作企业公文

➡ 任务目标

❖ 掌握新文档的创建、保存方法

❖ 熟悉 Word 2019 的工作界面、视图模式

❖ 掌握页面设置方法

❖ 掌握特殊文本（特殊符号、日期和时间等）的插入方法

❖ 掌握图形形状的插入方法

❖ 掌握文本、段落格式的设置方法

❖ 掌握项目符号和编号的设置方法

❖ 掌握查找和替换的使用方法

➡ 任务场景

作为一名新晋员工，小傅在入职后的前三个月，要到公司的重要部门轮岗，熟悉各部门的工作职能，了解公司的工作流程、基本规范、岗位任务。小傅的第一站是公司的综合管理部，该部门主要工作是各类文件的编制、后勤的保障、安全生产及一系列临时突发的事项或任务，组长要求他学会撰写一些常见的企业公文。

企业公文是企业在自身建设和经营管理活动中使用的规范体式文书，企业领导、企业文员等都必须掌握公文处理方法，熟悉公文制度和运作程序，熟练掌握公文写作的要求、技巧和方法。通知、公告、行文、发文等是企业公文中常见的体式。

➡ 任务准备

任务准备

2.1.1　熟悉 Word 2019 工作界面

在计算机中安装的 Office 2019 软件，包括 Word 2019、Excel 2019 和 PowerPoint 2019 三大组件。用户可以通过任务栏的"开始"菜单打开对应的程序，也可以通过桌面快捷方式打开对应的程序。

Word 2019 的工作界面由"文件"按钮、快速访问工具栏、标题栏、窗口控制按钮、选项卡、智能搜索框、功能区、编辑区、状态栏、视图按钮、显示比例等部分组成，如图 2.1 所示。

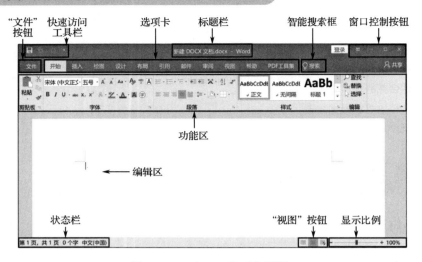

图 2.1　Word 2019 的工作界面

界面中各组成部分功能如下：

- "文件"按钮：利用该按钮可以选择对文档执行新建、保存、打印等操作。
- 快速访问工具栏：该工具栏中集成了多个常用的功能按钮，默认状态下包括"保存""撤销""恢复"按钮，用户可以根据需要添加"新建""打开"等按钮。
- 标题栏：用于显示文档的标题和类型。
- 窗口控制按钮：用于执行窗口的最大化、最小化或关闭操作。
- 选项卡：位于标题栏下方，包括"开始""插入"等选项卡标签，单击任意标签可切换至对应的选项卡。
- 智能搜索框：快速搜索想要使用的功能并获得帮助。
- 功能区：显示当前选项卡所包含的功能按钮，例如切换至"开始"选项卡，便显示剪贴板、字体设置和段落设置等功能按钮。
- 编辑区：用于编辑和制作需要的文档内容。
- 状态栏：显示当前的文档状态信息，如页数、字数及输入法等。
- "视图"按钮：提供页面、阅读和 Web 版式三种视图，可单击切换至任一视图模式来查看当前文档。
- 显示比例：用于设置编辑区的显示比例，可以通过拖动滑块进行快速调整。

2.1.2　文档的新建与保存

1. 新建文档

启动 Word 2019，在初始页面的"开始"选项中单击"空白文档"，即可创建一个新的空白文档，如图 2.2 所示。若想再次新建空白文档，可通过"文件"→"新建"命令，或按[Ctrl+N]组合键，又或单击"快速访问工具栏"→"新建"命令创建。

2. 保存文档

执行"文件"→"保存"命令，或按[Ctrl+S]组合键，又或单击"快速访问工具栏"→"保存"命令，可保存文档。

当第一次保存新建文档时，会打开"另存为"对话框，选择保存路径，输入文件名称，即可保存至相应路径，文档的默认扩展名为".docx"。

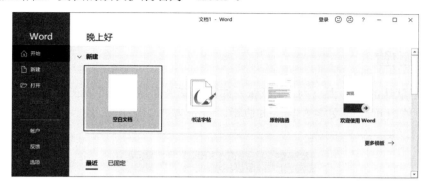

图 2.2 新建空白文档

➢ 小技巧：如果想修改一个文档，又担心破坏原文档内容，可以将原文档复制一份，或者通过"文件"→"另存为"命令，保存源文档的副本。

2.1.3 视图模式

在 Word 2019 中提供了五种视图模式："页面视图""阅读视图""Web 版式视图""大纲视图"和"草稿视图"。不同的视图表示不同的工作环境，用户可以在"视图"选项卡的"视图"组中选择需要的文档视图模式，如图 2.3 所示，也可以在文档窗口的右下方单击视图按钮选择视图。

图 2.3 视图模式

1. 页面视图

"页面视图"可以显示 Word 文档的打印结果，主要包括页眉、页脚、图形对象、分栏设置、页面边距等元素，是最接近打印结果的页面视图。

2. 阅读视图

"阅读视图"是以图书的分栏样式显示 Word 文档的，"文件"按钮、功能区等窗口元素被隐藏起来。在阅读视图中，用户可以单击工具"按钮"选择各种阅读工具。

3. Web 版式视图

"Web 版式视图"是以网页的形式显示 Word 文档的，它适用于发送电子邮件和创建网页。

4. 大纲视图

"大纲视图"主要用于设置 Word 文档标题的层级结构，在该模式下可以方便地折叠和展开各种层级的文档。大纲视图广泛用于长文档的快速浏览和设置。

5. 草稿视图

"草稿视图"模式下，省略了页面边距、分栏、页眉页脚和图片等元素，仅显示标题和正文，该模式是最节省计算机系统硬件资源的视图方式。

2.1.4 页面设置

Word 文档默认的页面大小为 A4 纸张，如需改变页面规格，可以在"布局"选项卡的"页面设置"组中修改页面的文字方向、页边距、纸张方向、纸张大小、分栏等属性，如图 2.4 所示。

图 2.4 页面设置

2.1.5 特殊文本的输入

1. 插入特殊符号

在文档编辑时，有时需要输入一些键盘上没有的特殊符号。在"插入"选项卡的"符号"组中，单击"符号"按钮，即可选择对应的特殊符号，如图 2.5 所示。

2. 插入日期时间

在文档编辑时，有时需要输入日期和时间，可以通过键盘直接输入，也可以在"插入"选项卡的"文本"组中，单击"日期和时间"按钮，选择对应的日期格式。如果勾选"自动更新"选项，则会实时更新日期时间，如图 2.6 所示。

图 2.5 插入特殊符号

图 2.6 插入日期时间

2.1.6　字符格式化

Word 文档中对字符的格式化处理包括设置字体、字形、字号、颜色、下画线、删除线、上下标、字符间距、着重号等。对字符进行格式化必须首先选择格式化的文本对象，然后才能进行操作。

在"开始"选项卡的"字体"组中，单击相关按钮即可完成字符的设置，如图 2.7 所示。单击"字体"组右下角的扩展按钮 ⌐ ，在弹出的"字体"对话框中可以设置更为丰富的字体格式，如图 2.8 所示。

按住鼠标左键，拖动鼠标选中格式化文本对象后，弹出的"浮动工具栏"也可设置文本的格式，如图 2.9 所示。

图 2.7　"字体"组

图 2.9　浮动工具栏

图 2.8　"字体"对话框

2.1.7　段落格式化

Word 文档中对段落的格式化处理包括段落的对齐方式、缩进、段前、段后、行间距等。将鼠标指针定位在某个段落的任一位置，或选择段落文本，即可设置该段落的格式。

在"开始"选项卡的"段落"组中，单击相关按钮即可完成段落的设置，如图 2.10 所示。单击"段落"组右下角的扩展按钮 ⌐ ，在弹出的"段落"对话框中可以设置更为丰富的段落格式，如图 2.11 所示。

图 2.10　"段落"组

图 2.11 "段落"对话框

➢ 小技巧：选择文本或段落后，在选定的区域上右击，会弹出浮动工具栏，方便快速设置文本和段落格式。

2.1.8 项目符号和编号

项目符号是指在文档中具有并列或层次结构的段落前添加的统一符号，编号是指在这些段落前添加的序号，序号通常是连续的。合理使用项目符号和编号，可以使文档的层次结构更清晰、更有条理。

设置项目符号可以通过单击"开始"选项卡的"段落"组中的"项目符号"按钮来实现，如图 2.12 所示。

设置编号可以通过单击"开始"选项卡的"段落"组中的"编号"按钮来实现，如图 2.13 所示。

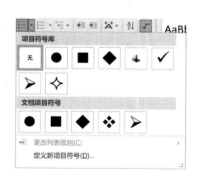

图 2.12 设置项目符号

图 2.13 设置编号

2.1.9　插入图形形状

在 Word 文档中，可以加入一些独特的图形，使得文档内容更加生动形象。在"插入"选项卡的"插图"组中，单击"形状"按钮，即可选择丰富的图形形状，如图 2.14 所示。

图 2.14　插入图形形状

2.1.10　查找与替换

在 Word 文档中，如果需要查找某些文字，可以通过"查找"功能来实现；如果需要将指定文字替换成新的文字内容，可以通过"替换"功能来实现。

在"开始"选项卡的"编辑"组中单击"查找"按钮，或者按[Ctrl+F]组合键，即可通过"导航"窗格搜索内容，如图 2.15 所示。

在"开始"选项卡的"编辑"组中单击"替换"按钮，或者按[Ctrl+H]组合键，即可通过"查找和替换"窗口替换内容，如图 2.16 所示。

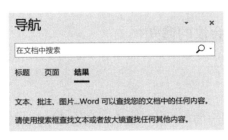

图 2.15　查找内容

图 2.16　替换内容

任务演练

➡ 任务演练——制作会议通知

为了提升公司安全生产管理水平，督促各部门做好安全生产工作，综合管理部决定通知各部门负责人、安全生产工作人员、绩效考核工作人员等召开会议。现需要小傅制作一则会议通知，通知内容包括会议主题、会议时间、会议地点、参会人员、会议内容等。

"制作会议通知"效果如图 2.17 所示。

1. 输入文字内容

启动 Word 2019，在初始页面的"开始"选项中单击"空白文档"，创建一个新的空白文档，输入文字内容，如图 2.18 所示。

图 2.17 "制作会议通知"效果图   图 2.18 输入文字内容

2. 设置标题格式

选中标题文字，在"开始"选项卡的"字体"组中，设置文字为"黑体""二号"。单击下划线按钮 U 右侧的下拉按钮 ，选择"双下划线"。在"开始"选项卡的"段落"组中，单击右下角的扩展按钮 ，设置"对齐方式"为"居中""间距"为"段后 1 行""行距"为"1.5 倍行距"，效果如图 2.19 所示。

<u><u>关于召开安全生产工作会议的通知</u></u>

图 2.19 设置标题格式

3. 设置正文格式

（1）选中除标题之外的正文文本，在"开始"选项卡的"字体"组中，从字体下拉列表框中选择"仿宋"，字号下拉列表框中选择"三号"。在"开始"选项卡的"段落"组中，单击右

下角的扩展按钮 ，打开段落对话框，设置"行距"为"单倍行距"，单击"确定"按钮，效果如图 2.20 所示。

（2）选中除标题、称呼之外的正文文本，在"开始"选项卡的"段落"组中，单击右下角的扩展按钮 ，打开段落对话框。单击"缩进"组的"特殊"下拉按钮，设置"首行"的缩进值为"2 字符"，单击"确定"按钮，使得每一个段落都首行缩进 2 个字符。效果如图 2.21 所示。

图 2.20　设置正文文本

图 2.21　设置首行缩进

➤ 小技巧：格式刷的使用。顾名思义，格式刷就是可以对文本的格式进行复制的一把小刷子。用格式刷"刷"格式，可以快速将指定文本或段落的格式复制到其他文本或段落上。具体操作法为：①复制一次格式。选中已经设置好格式的文本或段落，单击"开始"选项卡的"剪贴板"组中的"格式刷"按钮 ，此时鼠标指针左边变成一个小刷子，然后用鼠标选择想要加格式的文本或段落，松开鼠标后，被选择的文本或段落便会设置成对应的样式；②复制多次格式。选中已经做好格式的文本或段落，双击"开始"选项卡的"剪贴板"组中的"格式刷"按钮 ，即可多次使用格式刷功能。如果要退出格式刷功能，需要单击键盘上的[Esc]键，或用鼠标单击"格式刷"按钮 。

4．添加段落编号

（1）按住键盘上的[Ctrl]键，选择"会议地点""会议时间""参会人员""会议内容"和"会议要求"的文字内容，单击"开始"选项卡的"段落"组中的"编号"按钮，选择合适的编号，如图 2.22 所示。单击"开始"选项卡的"字体"组中的"加粗"按钮 B，效果如图 2.23 所示。

（2）选择"会议内容"中的两段文字，单击"开始"选项卡的"段落"组中的"编号"按钮，选择合适的编号，效果如图 2.24 所示。以同样的方式，为"会议要求"中的两段文字添加合适的编号，效果如图 2.25 所示。

图 2.22　选择编号

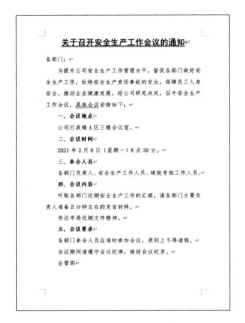

图 2.23　添加段落编号

四、会议内容
1. 听取各部门近期安全生产工作的汇报，请各部门主要负责人准备五分钟左右的发言材料。
2. 传达市局近期文件精神。

图 2.24　添加编号

五、会议要求
1. 各部门参会人员应准时参加会议，原则上不得请假。
2. 会议期间请遵守会议纪律，做好会议记录。

图 2.25　添加编号

➤ 小技巧：此处如果用格式刷来完成，会出现继续编号的现象，如图 2.26 所示。此时，只需在编号数字上右击，在弹出的菜单中选择"重新开始于 1"按钮 重新开始于1(R) 进行重新编号即可。

5. 插入落款日期

选择"企管部"文字内容，或者将鼠标指针定位在该文字所在行的任意位置，单击"开始"选项卡的"段落"组中的"右对齐"按钮 ，使文字右对齐。鼠标指针定位在该行末尾，按[Enter]键，在"插入"选项卡的"文本"组中，单击"日期和时间"按钮，选择合适的时间格式，如图 2.27 所示，单击"确定"按钮。最后，得到的"制作会议通知"最终效果如图 2.17 所示。

五、会议要求
3. 各部门参会人员应准时参加会议，原则上不得请假。
4. 会议期间请遵守会议纪律，做好会议记录。

图 2.26　继续编号

图 2.27　插入落款日期

➡ 任务拓展——制作联合公文

根据安全生产工作会议的讨论与部署，决定在公司开展"安全生产法"宣传周活动，现需要制作一份活动通知并发文。公文一般由发文机关、秘密等级、紧急程度、发文字号、签发人、标题、主送机关、正文、附件、印章、成文时间、附注、主题词、抄送机关、印发机关和时间等部分组成，但并不是每一份公文都必须包含以上全部内容。对于共同贯彻执行有关方针、政策或举办某些活动事项的同级机关、部门或单位可以联合发布公文。

"制作联合公文"效果如图 2.28 所示。

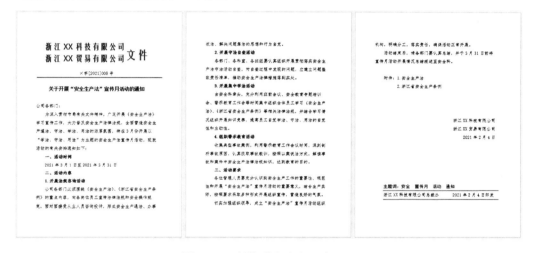

图 2.28　"制作联合公文"效果图

1．输入内容及页面设置

启动 Word 2019，在初始页面的"开始"选项中单击"空白文档"，创建一个新的空白文档，输入文字内容。单击"布局"选项卡的"页面设置"组中的"页边距"按钮，选择"自定义页边距"，设置页边距如图 2.29 所示。

2．制作文件头

（1）选择"浙江××科技有限公司浙江××贸易有限公司文件"文本内容，在"开始"选项卡的"字体"组中，设置"字体"为"方正姚体"，"字号"为"60"，加粗，颜色为"红色"。单击"开始"选项卡的"段落"组中右下角的扩展按钮 ⌐，设置"行距"为"单倍行距"。效果如图 2.30 所示。

图 2.29　设置页边距　　　　　　　　　　图 2.30　设置文件头

（2）选择"浙江××科技有限公司浙江××贸易有限公司"文本内容，单击"开始"选项卡的"段落"组中的"字符缩放"按钮 ，从下拉列表中选择"双行合一"选项，如图 2.31所示。在弹出的窗口中设置"双行合一"，如图 2.32 所示，单击"确定"按钮。

（3）将鼠标指针定位在双行末尾，按[delete]键，使"文件"二字上移一行，在"开始"选项卡的"段落"组中单击"居中"按钮 。选择"文件"二字，在"开始"选项卡的"字体"组中，设置"字号"为"42"。效果如图 2.33 所示。

图 2.31　选择"双行合一"　　　　图 2.32　设置"双行合一"

图 2.33　"双行合一"效果

➢ 小技巧：如果对"双行合一"的效果不满意，可通过空格进行调整。如果发文机关超过两个，可以用插入表格的方法来实现多行合并显示。

（4）选中文字"×字[2021]008 号"，在"开始"选项卡的"字体"组中设置字体为"仿宋"，字号为"16"。单击"段落"组中的"居中"按钮 ，再单击右下角的扩展按钮 ，设置"行距"为"单倍行距"。效果如图 2.34 所示。

×字[2021]008 号

图 2.34　设置发文号

（5）切换到"插入"选项卡，单击"插图"组中的"形状"按钮，从下拉列表的"线条"组中选择"直线"选项，如图 2.35 所示。在发文号下方合适位置按住鼠标左键的同时按住[Shift]键，水平拖动鼠标即可绘制一条水平直线。选中直线，切换到"绘图工具"→"格式"选项卡，单击"形状样式"组的右下角扩展按钮 ▣，弹出"设置形状格式"窗格。在窗格中设置"颜色"为"红色"，"宽度"为"3磅"，参数设置如图2.36所示，设置效果如图2.37所示。

图2.35 选择"直线"　　　　图2.36 设置形状格式

浙江 XX 科技有限公司
浙江 XX 贸易有限公司文件←

×字[2021]008 号←

图2.37 文件头效果

3. 设置文件内容格式

（1）选中文件标题文字"关于开展'安全生产法'宣传月活动的通知"，在"开始"选项卡的"字体"组中设置字体为"宋体"，字号为"18"，加粗。单击"段落"组中的"居中"按钮 ▤，再单击右下角的扩展按钮 ▣，设置"行距"为"单倍行距"。效果如图2.38所示。

浙江 XX 科技有限公司
浙江 XX 贸易有限公司文件←

×字[2021]008 号←

关于开展"安全生产法"宣传月活动的通知←

图2.38 设置文件标题

（2）选中除标题之外的所有正文内容，在"开始"选项卡的"字体"组中设置字体为"仿宋"，字号为"16"。单击"段落"组中右下角的扩展按钮 ▣，设置"行距"为"1.5倍行距"，"特殊"格式为"首行缩进2字符"。效果如图2.39所示。

（3）将鼠标指针定位至称呼"公司各部门："所在行的开始处，按[Backspace]键，使文字顶格排版。选中所有编号文字，将其进行"加粗"设置。将鼠标指针定位至附件文字"2.浙江省安全生产条例"的左侧，按键盘上的空格键，使其与编号"1"对齐。选中落款公司和时间文字，单击"开始"选项卡的"段落"组中的"右对齐"按钮，效果如图 2.40 所示。

图 2.39　设置文件内容

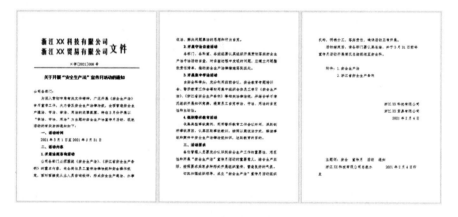

图 2.40　设置细节文字

4．制作文件尾

（1）选中"主题词："文字，在"开始"选项卡的"字体"组中设置字体为"黑体"，字号为"16"。选中"安全　宣传月　活动　通知"文字，设置字体为"宋体"。

（2）调整最后一行文字中间的空格使其在一行显示，并在该行上下位置，通过"插入"选项卡中"插图"组的"形状"按钮，选择"直线"选项，按住鼠标左键的同时按住[Shift]键，水平拖动鼠标绘制两条水平直线。效果如图 2.41 所示。最后，得到的"制作联合公文"最终效果如图 2.28 所示。

主题词： 安全　宣传月　活动　通知

浙江××科技有限公司总裁办　　　2021 年 2 月 4 日印发

图 2.41　制作文件尾

➢ 小技巧：①在文档编辑过程中要养成实时保存文档的良好习惯，以免死机或断电造成文档数据的丢失。可以通过按[Ctrl+S]键保存，或者通过"文件"→"选项"→"保存"→"保存自动恢复信息时间间隔"来设置自动保存的间隔时间；②为保持公文的格式统一，可以将制作好的公文保存成模板，供以后使用。保存方法为："文件"→"另存为"，将保存类型设置为"Word 模板"即可。

➡ 任务巩固——制作活动方案

任务巩固

为了积极响应市委市政府的号召，通过"城市旅游"活动让新温州人认识温州，留在温州，就业在温州。经公司领导授意，综合管理部特举行全体员工"城市旅游"专场活动。请你自由选择一个旅游地点，并制定活动通知。参考效果如图 2.42 所示。

图 2.42　制作活动方案参考效果图

任务2　制作企业活动文档

➡ 任务目标

❖ 掌握表格的创建方法
❖ 掌握表格的编辑方法
❖ 掌握表格的美化方法
❖ 掌握文本分栏的设置方法
❖ 掌握表格公式的使用方法

❖ 掌握文本与表格互换方法
❖ 掌握金额小写转大写方法

➡ 任务场景

企业根据团队建设和文化发展的需要，会开展各种文化活动，如举办书法比赛、周末舞会、文艺演出等。在活动的组织和开展过程中，经常需要用到各类文档进行信息收集和内容展示。中秋将至，小傅和综合管理部的同事正在策划公司的中秋晚会活动，他们需要设计一份"中秋晚会节目报名表"了解职工们的文艺特长和表演意愿。确定演出节目之后，他还要制作"演出服采购单"，帮助参演的同事订购服装。

➡ 任务准备

任务准备

2.2.1 插入表格

启动 Word 2019，在初始页面的"开始"选项中单击"空白文档"，创建一个新的空白文档。在"插入"选项卡的"表格"组中单击"表格"按钮，从下拉菜单中选择"插入表格"命令，如图 2.43 所示。打开"插入表格"对话框，如图 2.44 所示，即可设置表格参数，插入表格，效果如图 2.45 所示。

图 2.43 "表格"按钮

图 2.44 "插入表格"对话框

↵	↵	↵	↵
↵	↵	↵	↵
↵	↵	↵	↵

图 2.45 插入表格

2.2.2 编辑表格

表格的编辑操作应遵循"先选中，后操作"的原则，选中表格或表格元素后，通过"表格工具"→"布局"选项卡就可以进行表格基本属性编辑、行列单元格操作、对齐方式设置和表格数据操作等，如图 2.46 所示。

图 2.46 "表格工具"→"布局"选项卡

表格基本属性编辑组：在该组可以编辑表格的基本属性、绘制或擦除表格边线等。

行列单元格操作组：在该组可以插入或删除行和列、删除表格或单元格、合并与拆分单元格、拆分表格、调整表格和单元格大小等。

对齐方式操作组：在该组可以设置单元格对齐方式、文字方向、单元格边距等。

表格数据操作组：在该组可以进行表格数据计算、表格数据排序等。

2.2.3 设计表格

选中表格或表格元素后，通过"表格工具"→"设计"选项卡就可以编辑表格样式、设计表格或单元格的边框和底纹等，如图 2.47 所示。

图 2.47 "表格工具"→"设计"选项卡

表格样式选项组：设置表格的标题行、镶边行、汇总行、第一列等。

表格样式组：设置表格或单元格的样式和底纹。

边框组：设置表格或单元格的边框样式。

2.2.4 文本与表格互换

针对有规律的文本内容，Word 文档可以将其转换成表格形式。同样，表格内容也可以转换成排列整齐的文档。

1. 文本转换成表格

选中要转换的文本，在"插入"选项卡的"表格"组中单击"表格"按钮，从下拉菜单中选择"文字转换成表格"命令，打开"将文字转换成表格"对话框，如图 2.48 所示。设置表格尺寸、表格大小、文字分隔位置等属性，单击"确定"按钮，即可将选中的文字转换成表格。

图 2.48 "将文字转换成表格"对话框

2. 表格转换成文本

选中要转换表格的左上角按钮⊞，在"表格工具"→"布局"选项卡的"数据"组中单击"转换为文本"按钮，如图 2.49 所示。打开"表格转换成文本"对话框，如图 2.50 所示，选择合适的文字分隔符，单击"确定"按钮，即可完成表格向文本的转换。

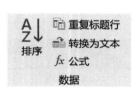

图 2.49 "转换为文本"按钮　　图 2.50 "表格转换成文本"对话框

2.2.5 金额的小写转大写

当阿拉伯数字小写金额需要转换成汉字大写金额时，可以选中需要转换的数字，在"插入"选项卡的"符号"组中选择"编号"按钮，打开"编号"对话框，在"编号类型"的下拉列表框中选择"壹，贰，叁…"选项，如图 2.51 所示。单击"确定"按钮，即可完成金额小写向大写的转换。

图 2.51 "编号"对话框

2.2.6　分栏排版

分栏排版是常见的页面排版方式，它将文档中的一段或多段文字内容分成多列显示，分栏后的文字内容在文档中是单独的一节，而且每一栏也可以单独进行格式设置。

设置分栏时，首先选择需要分栏的文本内容，在"布局"选项卡的"页面设置"组中单击按钮"栏"，在弹出的下拉列表框中选择对应的"分栏"数即可，如图 2.52 所示。单击"更多栏"选项，在弹出的"栏"对话框中可以设置更多参数，如图 2.53 所示。分栏的效果如图 2.54 所示。

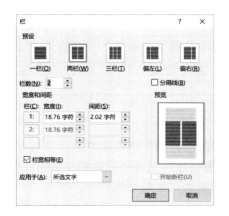

图 2.52　分栏　　　　　　　图 2.53　"栏"对话框　　　　　　图 2.54　分栏效果图

2.2.7　插入图片

Word 2019 中的图文混排功能非常强大，用户可以在文档的任意位置插入图片。在"插入"选项卡的"插图"组中单击"图片"按钮，如图 2.55 所示，通过"此设备"选择计算机上的图片，或通过"联机图片"选择加载联机图片，即可在文档中插入图片。

图 2.55　插入图片

2.2.8　编辑图片

插入图片后往往需要进行调整图片大小、设定环绕文字方式、修改图片样式等操作，选中图片后，可通过"图片工具"→"格式"选项卡进行相应的设置，如图 2.56 所示。

图 2.56 "图片工具"→"格式"选项卡

"图片工具"→"格式"选项卡包含"调整""图片样式""辅助功能""排列"和"大小"五个组，可以设置图片颜色、图片样式、图片大小、图片边框、图片版式、图片位置和环绕文字形式等。

任务演练——中秋晚会节目报名表

任务演练

为了庆祝中国传统节日，弘扬民族文化，提升员工文化素养，增强团队凝聚力和员工归属感，公司正策划一场中秋晚会。小傅作为晚会策划组成员，需要设计一份"中秋晚会节目报名表"，进一步了解职工们的文艺特长和表演意愿。

"中秋晚会节目报名表"效果如图 2.57 所示。

1. 创建表格

（1）启动 Word 2019，在初始页面的"开始"选项中单击"空白文档"，创建一个新的空白文档。在"布局"选项卡的"页面设置"组中选择"页边距"按钮，在下拉菜单中选择"自定义页边距"，设置左、右页边距为 2.5 厘米，如图 2.58 所示。

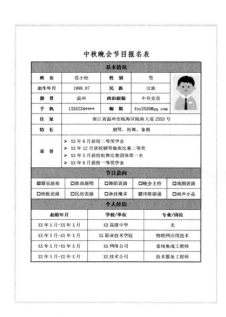

图 2.57 "中秋晚会节目报名表"效果图   图 2.58 设置"页边距"

（2）将鼠标指针定位在文档的首行，输入标题文字"中秋晚会节目报名表"，选中标题文字，设置文字字体为"仿宋"，字号为"二号"，加粗，居中对齐。

（3）将鼠标指针定位至标题的下一行，切换到"插入"选项卡，单击"表格"组中的"表格"按钮，从下拉菜单中选择"插入表格"命令，打开"插入表格"对话框。在"表格尺寸"栏中，将"行数"设置为"12"，"列数"设置为"5"，如图 2.59 所示。单击"确定"按钮，效果如图 2.60 所示。

图 2.59 插入表格 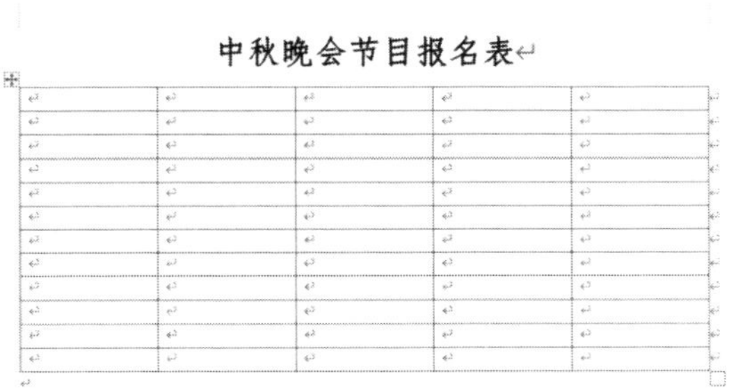   图 2.60   表格显示效果

2. 制作"基本情况"内容

（1）选择表格第 1 行的 5 个单元格，右击选定的单元格，从弹出的快捷菜单中选择"合并单元格"命令，将它们合并成一个单元格。使用同样的方法，合并多个单元格，合并后的效果如图 2.61 所示。

图 2.61 合并单元格

（2）将鼠标指针移至表格上方，表格左上角会显示⊞图标，右击该图标，从弹出的快捷菜单中选择"表格属性"命令，在"行"选项卡中设置行的指定高度为"1.1 厘米"，如图 2.62 所示，单击"确定"按钮。

（3）在第 2 行第 1 个单元格内部右击鼠标，从弹出的快捷菜单中选择"表格属性"命令，在"单元格"选项卡中设置指定宽度为"2.76 厘米"，如图 2.63 所示，单击"确定"按钮。

用同样的方法，设置第 2 行第 2 个单元格宽度为"4.04 厘米"，第 2 行第 3 个单元格宽度为"2.76 厘米"，第 2 行第 4 个单元格宽度为"4.04 厘米"。

图 2.62　设置行高

图 2.63　设置列宽

（4）通过单击表格左上角⊞图标，选中表格所有单元格，在"表格工具"→"布局"选项卡的"对齐格式"组中单击"居中对齐"按钮，如图 2.64 所示，使单元格中的文字居中对齐。在通过单击表格左上角⊞图标选中整个表格的状态下，单击"开始"选项卡中"段落"功能组中的"居中"按钮▣，使表格在页面中居中对齐，效果如图 2.65 所示。

图 2.64　设置文字居中对齐

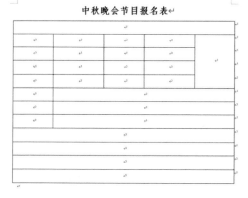

图 2.65　设置表格居中对齐

（5）输入表格文字内容，将"基本情况"文字内容设置为"宋体""三号""加粗"，第 1 列和第 3 列文字内容设置为"宋体""四号""加粗"，第 2 列和第 4 列文字内容设置为"宋体""四号"，效果如图 2.66 所示。

（6）将鼠标指针定位在第 1 行内部任意位置，单击"表格工具"→"设计"选项卡的"表格样式"功能组中的"底纹"按钮，在下拉菜单中选择"白色，背景 1，深色 25%"，如图 2.67 所示，即可设置第 1 行的背景颜色。

（7）将鼠标指针定位在第 3 行第 5 列内部，切换至"插入"选项卡，单击"插图"组中的"图片"按钮，通过"此设备"选项找到图片，如图 2.68 所示，单击"插入"按钮，即可插入图片。

中秋晚会节目报名表

基本情况			
姓　名	范小怡	性　别	男
出生年月	1998.07	民　族	汉族
籍　贯	温州	政治面貌	中共党员
手　机	1335234****	邮　箱	fxy2020@qq.com
住　址	浙江省温州市瓯海区瓯海大道 2555 号		
特　长	钢琴、街舞、象棋		
荣　誉	××年 6 月获校二等奖学金 ××年 12 月获校钢琴独奏比赛二等奖 ××年 5 月获校街舞比赛团体第一名 ××年 6 月获校一等奖学金		

图 2.66 "输入文字内容"效果图

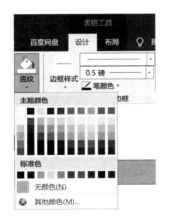

图 2.67 设置表格底纹

图 2.68 插入图片

（8）选择第 8 行第 2 列的文字内容，在"开始"选项卡的"段落"组中，单击"项目符号"按钮，在下拉菜单中选择合适的项目符号，再单击"左对齐"按钮，效果如图 2.69 所示。

中秋晚会节目报名表

基本情况				
姓　名	范小怡	性　别	男	
出生年月	1998.07	民　族	汉族	
籍　贯	温州	政治面貌	中共党员	
手　机	1335234****	邮　箱	fxy2020@qq.com	
住　址	浙江省温州市瓯海区瓯海大道 2555 号			
特　长	钢琴、街舞、象棋			
荣　誉	➢ ××年 6 月获校二等奖学金 ➢ ××年 12 月获校钢琴独奏比赛二等奖 ➢ ××年 5 月获校街舞比赛团体第一名 ➢ ××年 6 月获校一等奖学金			

图 2.69 "基本情况"效果图

3. 制作"节目意向"内容

（1）输入文字"节目意向"，设置为"宋体""三号""加粗"，将鼠标指针定位在该行内部任意位置，单击"表格工具"→"设计"选项卡的"表格样式"功能组中的"底纹"按钮，在下拉菜单中选择"白色，背景 1，深色 25%"，即可设置该行的背景颜色。

（2）鼠标指针定位至"节目意向"下一行，右击，在弹出的快捷菜单中选择"拆分单元格"命令，设置列数为"5"，行数为"2"，如图 2.70 所示。单击"确定"按钮，效果如图 2.71 所示。

图 2.70　拆分单元格

图 2.71　"拆分单元格"效果图

（3）分别在拆分出的两行内右击，从弹出的快捷菜单中选择"表格属性"命令，在"行"选项卡中设置行的指定高度为"1.1 厘米"，单击"确定"按钮。输入文字内容，设置为"宋体""四号"，在"插入"选项卡的"符号"组中单击"符号"按钮，在下拉菜单中选择"其他符号"，选择字体为"Wingdings2"，插入特殊符号，效果如图 2.72 所示。

节目意向				
☑器乐演奏	□歌曲演唱	□舞蹈表演	□晚会主持	□戏剧表演
□快板表演	□民俗表演	□杂技魔术	☑诗歌朗诵	□相声小品

图 2.72　"节目意向"效果图

4. 制作"个人经历"内容

（1）输入文字"个人经历"，设置为"宋体""三号""加粗"，将鼠标指针定位在该行内部任意位置，单击"表格工具"→"设计"选项卡的"表格样式"功能组中的"底纹"按钮，在下拉菜单中选择"白色，背景 1，深色 25%"，即可设置该行的背景颜色。

（2）鼠标指针定位至"个人经历"下一行，右击，在弹出的快捷菜单中选择"拆分单元格"命令，设置列数为"3"，行数为"5"，如图 2.73 所示。单击"确定"按钮，效果如图 2.74 所示。

图 2.73　拆分单元格

图 2.74　"拆分单元格"效果图

（3）将鼠标指针定位至"个人经历"下一行的左侧，会出现一个箭头，按住鼠标左键往下拖动，选中所有新拆分出的行，右击，从弹出的快捷菜单中选择"表格属性"命令，在"行"选项卡中设置行的指定高度为"1.1厘米"，单击"确定"按钮。输入文字内容，设置为"宋体""四号"，其中第一行标题文字内容"加粗"，效果如图2.75所示。

个人经历		
起始年月	学校/单位	专业/岗位
××年×月-××年×月	××高级中学	无
××年×月-××年×月	××职业技术学院	物联网应用技术
××年×月-××年×月	××网络公司	系统集成工程师
××年×月-××年×月	××技术公司	技术服务工程师

图2.75　"个人经历"效果图

5. 设置表格边框

通过表格左上角的 ⊞ 按钮选中整个表格，在"表格工具"→"设计"选项卡的"边框"组中设置"边框样式"为"双线"，如图2.76所示。用"边框刷"依次单击表格外边框，或者单击"边框"按钮，在下拉菜单中选择"外侧框线"命令，即可将表格外边框设置为"双线"。得到的"中秋晚会节目报名表"最终效果如图2.57所示。

图2.76　"表格工具"→"设计"选项卡

➡ 任务拓展——制作演出服采购单

任务拓展

经过一周的选拔，综合管理部最终确定了中秋晚会的表演节目，节目内容丰富，形式多样，精彩纷呈。为了呈现更好的演出效果，公司决定统一采购演出服。作为公司新成员，小傅主动承担了服装采购的任务，因此他要制作一份演出服采购单。采购单中需要利用表格公式计算服装价格合计金额，并将数字金额转化为人民币大写金额。

"制作演出服采购单"效果如图2.77所示。

1. 输入内容及页面设置

启动Word 2019，在初始页面的"开始"选项中单击"空白文档"，创建一个新的空白文档，输入文字内容，如图2.78所示。单击"布局"选项卡的"页面设置"组中的"页边距"按钮，选择"自定义页边距"，设置页边距如图2.79所示。

2. 设置标题文字格式

（1）选中"演出服采购单"标题文字，在"开始"选项卡的"字体"组中，设置"字体"为"仿宋"，"字号"为"二号"，加粗。单击"开始"选项卡的"段落"组里的居中按钮 ≡ ，使标题居中对齐。

图 2.77　"演出服采购单"效果图

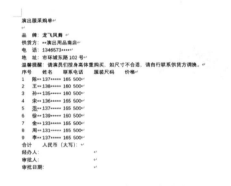

图 2.78　输入文字内容

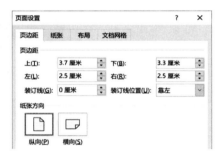

图 2.79　设置页边距

（2）选中标题文字，在"开始"选项卡的"字体"组中，选择"文本突出显示颜色"按钮，将颜色设置为黄色。选中标题文字，单击"下划线"按钮 U，将下划线样式设置为"双下划线"。效果如图 2.80 所示。

演出服采购单

图 2.80　设置标题文字格式

3. 设置双栏显示

（1）选中除标题之外的剩余文字，设置为"仿宋""三号"。选中"品牌、供货方、电话、地址、温馨提醒、序号、姓名、联系电话、服装尺码、价格、合计"等文字，设置为"加粗"。

（2）选中"品牌、供货方、电话、地址、温馨提醒"等文字内容，切换到"布局"选项卡，在"页面设置"组中单击"栏"按钮，在下拉菜单中选择"更多栏"。在弹出的对话框中选择"两栏"，勾选"分隔线"，如图 2.81 所示。单击"确定"按钮，效果如图 2.82 所示。

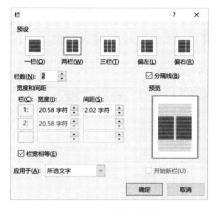

图 2.81　设置分栏

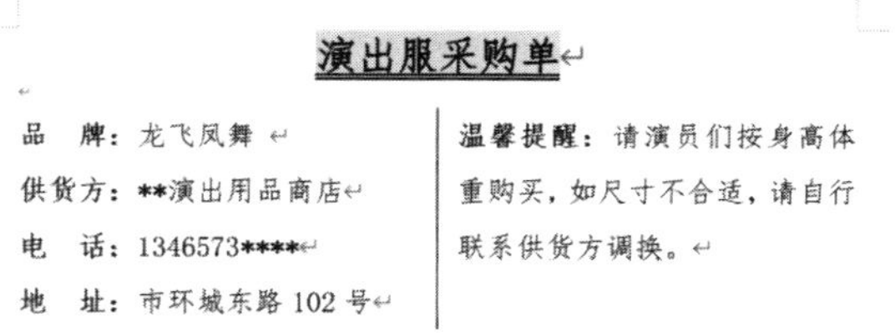

图 2.82　"分栏"效果图

4. 文本转表格

选中要转换成表格的文本，切换到"插入"选项卡，在"表格"组中选择"表格"按钮，在下拉菜单中单击"将文字转换成表格"命令，打开"将文字转换成表格"对话框，设置"文字分隔"位置为"制表符"，勾选"根据窗口调整表格"，如图 2.83 所示。单击"确定"按钮，效果如图 2.84 所示。

图 2.83　将文字转换成表格

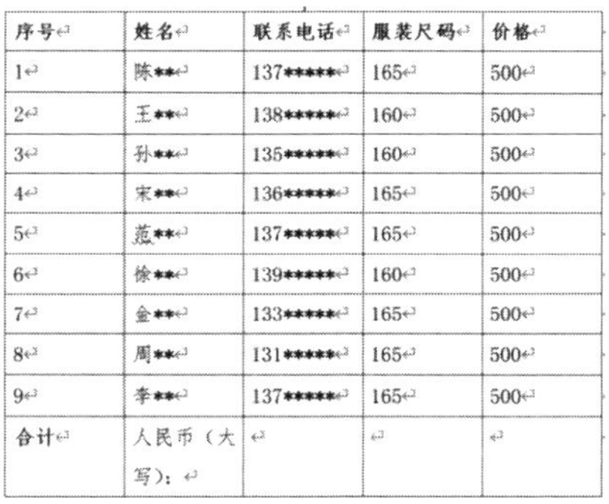

图 2.84　转换后的表格效果图

5. 编辑表格

（1）通过单击表格左上角⊞图标，选中表格中所有单元格，在"表格工具"→"布局"选项卡的"对齐格式"组中单击"居中对齐"按钮，如图 2.85 所示，使单元格中的内容居中对齐。

（2）切换至"表格工具"→"设计"选项卡，在"边框"组中设置边框样式为"虚线"，粗细为"1 磅"，如图 2.86 所示，单击"边框"按钮下拉菜单的"内部框线"按钮，即可将内部框线设置为虚线。用同样的方法，设置边框样式为"实线"，粗细为"1 磅"，单击"边框"按钮下拉菜单的"外侧框线"按钮，即可将外侧框线设置为实线。效果如图 2.87 所示。

图 2.85　"居中对齐"按钮

图 2.86　"边框"组

（3）拖动鼠标选中表格第一行所有单元格，在"表格工具"→"设计"选项卡的"表格样式"组中单击"底纹"按钮，选择"蓝色，个性色 1，淡色 60%"，设置背景颜色。用同样的方法，设置最后一行的背景颜色，如图 2.88 所示。

序号	姓名	联系电话	服装尺码	价格
1	陈**	137*****	165	500
2	王**	138*****	160	500
3	孙**	135*****	160	500
4	宋**	136*****	165	500
5	范**	137*****	165	500
6	徐**	139*****	160	500
7	金**	133*****	165	500
8	周**	131*****	165	500
9	李**	137*****	165	500
合计	人民币（大写）：			

图 2.87 "边框"效果图

序号	姓名	联系电话	服装尺码	价格
1	陈**	137*****	165	500
2	王**	138*****	160	500
3	孙**	135*****	160	500
4	宋**	136*****	165	500
5	范**	137*****	165	500
6	徐**	139*****	160	500
7	金**	133*****	165	500
8	周**	131*****	165	500
9	李**	137*****	165	500
合计	人民币（大写）：			

图 2.88 设置单元格背景颜色效果图

（4）拖动鼠标选中表格最后一行的中间三个单元格，右击，在弹出的快捷菜单中单击"合并单元格"命令，单击"开始"选项卡中"段落"组的"左对齐"按钮，将文字左对齐。效果如图 2.89 所示。

图 2.89 "合并单元格"效果图

（5）将鼠标指针定位至右下角单元格，单击"表格工具"→"布局"选项卡中"数据"组的"公式"按钮，在弹出的"公式"对话框中选择编号格式为"¥#,##0.00;(¥#,##0.00)"，如图 2.90 所示，单击"确定"按钮，效果如图 2.91 所示。

图 2.90 "公式"对话框

图 2.91 "金额求和"效果图

➤ 小技巧："公式"对话框中默认公式为求和函数"=SUM(ABOVE)"，如需其他函数，可在"粘贴函数"中选择。另外，默认是向上计算（ABOVE），如需其他方向，可以自行更改：向左计算（LEFT），向右计算（RIGHT），向下计算（BELOW）。

（6）将鼠标指针定位至"人民币（大写）："文字右侧，在"插入"选项卡的"符号"组中单击"编号"按钮，弹出"编号"对话框，输入编号为"4500"，选择编号类型为"壹，贰，叁…"，如图 2.92 所示。单击"确定"按钮，在鼠标指针处生成"肆仟伍佰"，在其后面添加"元整"两个字，效果如图 2.93 所示。

图 2.92　"编号"对话框

图 2.93　设置大写金额效果图

6. 制作落款

按住鼠标左键拖动，分别选中"经办人、审批人、审批日期"后面的多个空格字符，在"开始"选项卡的"字体"组中单击"下划线"按钮 <u>⌄</u>，设置效果如图 2.94 所示。得到的"演出服采购单"最终效果如图 2.77 所示。

图 2.94　"制作落款"效果图

🔿 任务巩固——制作晚会节目单

任务巩固

为了鼓励职工们积极参与中秋晚会活动，更好地宣传晚会节目，请你为晚会制作一份节目单，参考效果如图 2.95 所示。

图 2.95　"晚会节目单"效果图

任务 3　制作企业宣传文档

🔿 任务目标

❖ 掌握页面背景图片的设置方法
❖ 掌握文本框的使用方法

❖ 掌握形状的排列与组合方法
❖ 掌握艺术字的使用方法

➡ 任务场景

企业根据经营、发展的需要，往往会联合产业协会和相关院校，开展校企联合培养人才。为了扩大公司的社会影响力和知名度，公司人事部、综合管理部联合人工智能学院开展技能竞赛活动，旨在通过竞赛选拔人才，达到多方共赢、储备人才的目的。小傅作为校企合作的联络人，要为本次竞赛活动制作宣传海报和大赛指南。

➡ 任务准备

任务准备

2.3.1 插入页面背景图片

启动 Word 2019，在初始页面的"开始"选项中选择"空白文档"，创建一个新的文档。在"插入"选项卡的"插图"组中选择"形状"按钮，从下拉列表中选择"矩形"，绘制一个与页面一样大小的矩形，调整矩形的位置，使矩形刚好覆盖纸张。

右击矩形，在弹出的快捷菜单中选择"设置图片格式"命令，在文档右侧就会出现"设置图片格式"窗格，在"填充"栏内选择"图片或纹理填充"，如图 2.96 所示。在"图片源"中选择"插入"按钮，选择"来自文件"，找到需要插入的背景图片位置，选择"插入"，即可完成页面背景图片的设置。

图 2.96 "设置图片格式"窗格

2.3.2 插入文本框

文本框是 Word 文档中常用的一个对象，它允许在文档中的任意位置放置和键入文本。在"插入"选项卡的"文本"组中选择"文本框"按钮，从下拉列表中可以选择"绘制横排文本框"或"绘制竖排文本框"命令，如图 2.97 所示，在文档中按住鼠标左键进行拖动，即可绘制一个文本框，在其内可以输入文本内容。

需要设置文本框格式时，可以在文本框的边线上右击鼠标，在弹出的快捷菜单中选择"设置形状格式"命令，打开"设置形状格式"对话框，如图 2.98 所示，可以设置文本框的填充方式和线条属性。

图 2.97 "文本框"按钮

图 2.98 "设置形状格式"对话框

2.3.3 形状的排列与组合

当 Word 文档中有多个文本框、形状或图片进行排列时，可以按住[Shift]键同时选择多个对象，在"布局"选项卡的"排列"组中单击"对齐"按钮，在其下拉菜单中可以根据需要选择对应的命令，如图 2.99 所示。

排列完成后，如需将多个对象进行组合，可以在"布局"选项卡的"排列"组中单击"组合"按钮，在其下拉菜单中选择"组合"命令，如图 2.100 所示，多个对象即会被组合。

图 2.99 "对齐"按钮

图 2.100 "组合"按钮

2.3.4 插入艺术字

在 Word 文档中，艺术字可以作为图形或图像的形式插入到文档中，以提高文档的审美效果。将鼠标指针定位在需要插入艺术字的位置，在"插入"选项卡的"文本"组中单击"艺术字"按钮，即可从下拉列表中选择合适的艺术字样式，如图 2.101 所示。在文本框中输入文字，即可完成艺术字的插入，如图 2.102 所示。

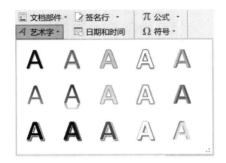

图 2.101 "艺术字"按钮   图 2.102 "插入艺术字"效果图

如需对艺术字进行格式设置，可选中艺术字，切换至"绘图工具"→"格式"选项卡，在"形状样式""艺术字样式""文本"等组中对其进行设置，如图 2.103 所示。

图 2.103 "绘图工具"→"格式"选项卡

➡ 任务演练——制作大赛海报

任务演练

为了扩大公司的社会影响力和知名度，公司和人工智能学院达成合作协议，决定策划一场办公软件应用大赛，增强广大在校生的办公软件应用技能。作为校企合作联络人，小傅需要设计一张大赛海报，海报要充分体现本次大赛的内容，鼓励和引导在校学生踊跃参加，并激发学生学习计算机知识技能的兴趣和潜能。

"大赛海报"效果如图 2.104 所示。

图 2.104 "大赛海报"效果图

1. 设置页面

启动 Word 2019，在初始页面的"开始"选项中选择"空白文档"，创建一个新的空白文档。在"布局"选项卡的"页面设置"组中单击"纸张大小"按钮，设置纸张大小为 A3，如图 2.105 所示。单击"纸张方向"按钮，选择"横向"。

➢ 小技巧：有些 Word 页面设置中纸张大小没有 A3 规格，是因为计算机连接的打印机不支持 A3 纸张的打印，因此没有 A3 纸张的选项。这时只需要在"文件"→"打印"→"打印机"选项中，更改为"Microsoft Print to PDF"，就能在"纸张大小"中选择 A3 规格。

2. 插入背景图片

（1）在"插入"选项卡的"插图"组中单击"形状"按钮，从下拉列表中选择"矩形"，绘制一个与页面一样大小的矩形，调整矩形的位置，使矩形刚好覆盖纸张。

（2）右击矩形，在弹出的快捷菜单中选择"设置图片格式"命令，在文档右侧就会出现"设置图片格式"窗格，在"填充"栏内选择"图片或纹理填充"，如图 2.106 所示。在"图片源"中选择"插入"按钮，选择"来自文件"，找到背景图片"bg.jpg"，单击"插入"按钮，即可完成页面背景图片的设置。

图 2.105　纸张大小

图 2.106　"设置图片格式"窗格

（3）按住[Shift]键的同时用鼠标拖动图片的右下角，等比例调整图片的大小，再将图片移动至合适位置，效果如图 2.107 所示。

（4）选中图片，在"图片工具"→"格式"选项卡的"排列"组中单击"环绕文字"按钮，在下拉列表中设置"衬于文字下方"，如图 2.108 所示。

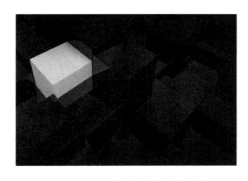

图 2.107　"背景图片"效果图

图 2.108　选择"衬于文字下方"

3. 插入文本框

（1）在"插入"选项卡的"文本"组中选择"文本框"按钮，选择"绘制横排文本框"命令，在页面内拖动生成一个合适大小的文本框，输入文字"2020 年首届'新苗杯'"。选中文本框，在"绘图工具"→"格式"选项卡的"形状样式"组中选择"形状填充"按钮，设置为"无填充"。选择"形状轮廓"按钮，设置为"无轮廓"。将字体设置为"黑体"、字号设置为"72"、文字颜色设置为"金色""加粗"，调整文本框的大小和位置，效果如图 2.109 所示。

（2）用同样的方法，插入 1 个文本框，输入文字："人工智能学院办公软件应用大赛"，字体设置为"黑体"、字号设置为"48"、文字颜色设置为"白色""加粗"。再用同样的方法，插入 1 个文本框，输入文字："指导单位：××信息行业协会/主办单位：××信息行业协会物联网产教联盟/协办单位：人工智能学院"，字体设置为"黑体"、字号设置为"一号"、文字颜色设置为"白色""加粗"，效果如图 2.110 所示。

图 2.109　插入文本框效果图

图 2.110　插入多个文本框效果图

4. 绘制直线

在"插入"选项卡的"插图"组中单击"形状"按钮，在下拉菜单中选择"直线"，按住[Shift]键同时水平拖动鼠标左键，绘制一条直线。选中直线，在"绘图工具"→"格式"选项卡的"形状样式"组中，设置"形状轮廓"为"3 磅"、颜色为"白色"，如图 2.111 所示。调整直线的位置和长度，效果如图 2.112 所示。

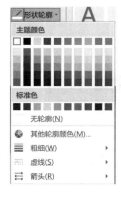
图 2.111　设置形状轮廓

图 2.112　绘制直线效果图

5. 插入装饰图片

（1）在"插入"选项卡的"插图"组中选择"图片"按钮，选择"此设备"，在弹出的对话框中找到素材图片"word.png""excel.png""ppt.png"，按住[Shift]键的同时选中三张小图片，单击"插入"，即可同时插入三张小图片。

（2）选中小图片，在其右侧的"布局选项"小图标 中选择文字环绕形式为"浮于文字上方"，如图 2.113 所示。将三张小图片的文字环绕形式都设置为"浮于文字上方"后，即可调整三张图片的位置，如图 2.114 所示。

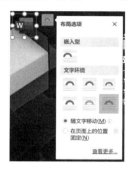

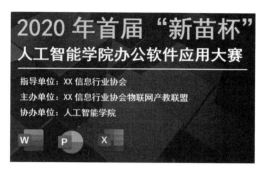

图 2.113 布局选项 　　　　　　　图 2.114 调整小图片位置

（3）按住[Shift]键的同时选中三张小图片，单击"图片工具"→"格式"选项卡的"排列"组中的"对齐"按钮，如图 2.115 所示，依次选择"垂直居中""横向分布"，即可精确对齐三张小图片的位置，效果如图 2.116 所示。

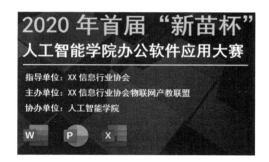

图 2.115 "对齐"按钮 　　　　　　图 2.116 对齐小图片效果图

（4）在"插入"选项卡的"插图"组中单击"图片"按钮，选择"此设备"，在弹出的对话框中找到素材图片"renwu.png"，在"图片工具"→"格式"选项卡的"大小"组中设置图片高度为"13.5 厘米"，如图 2.117 所示。在"排列"组的"旋转对象"按钮 中选择"水平翻转"命令，如图 2.118 所示。在其右侧的"布局选项"小图标 中选择文字环绕形式为"浮于文字上方"。调整图片的位置，得到的"大赛海报"最终效果如图 2.119 所示。

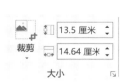

图 2.117 设置高度 　　　　　　图 2.118 "旋转对象"按钮

图 2.119 "大赛海报"最终效果图

➡ 任务拓展——制作大赛指南封面

任务拓展

为了让评委嘉宾和参赛选手了解赛事安排，自然不能缺少大赛指南。大赛指南的封面设计极为重要，要用最感染人、最形象、最易被视觉接受的表现形式，来展现大赛主旨和企业形象。小傅需要制作一份图文并茂、简洁大方的大赛指南封面，以直观的方式展示单位名称、竞赛名称、时间等信息。

"大赛指南封面"效果如图 2.120 所示。

1. 插入文本框

（1）启动 Word 2019，在初始页面的"开始"选项中选择"空白文档"，创建一个新的空白文档。在"插入"选项卡的"文本"组中选择"文本框"按钮，选择"绘制横排文本框"命令，在页面内拖动生成一个大小合适的文本框，输入文字："2020 年首届'新苗杯'/人工智能学院办公软件应用大赛"。

（2）选中文本框，在"绘图工具"→"格式"选项卡的"形状样式"组中单击"形状填充"按钮，设置为"无填充"。单击"形状轮廓"按钮，设置为"无轮廓"。将字体设置为"黑体"、字号设置为"28"、加粗、居中对齐，调整文本框的大小和位置，效果如图 2.121 所示。

图 2.120 "大赛指南封面"效果图　　图 2.121 插入文本框后的效果图

2. 插入图片

（1）在"插入"选项卡的"插图"组中单击"图片"按钮，选择"此设备"，在弹出的对话框中找到素材图片"xiaoyuan.jpg"，在"图片工具"→"格式"选项卡的"大小"组中设置图片高度为"7.76 厘米"，如图 2.122 所示。

（2）在其右侧的"布局选项"小图标中选择文字环绕形式为"浮于文字上方"，如图 2.123 所示。调整图片的位置，效果如图 2.124 所示。

图 2.122　设置图片高度　　　　图 2.123　布局选项

图 2.124　插入图片后的效果图

3．插入形状

（1）在"插入"选项卡的"插图"组中单击"形状"按钮，在下拉列表中选择"流程图"中的"手动输入"形状，如图 2.125 所示。在文档中拖动鼠标左键，绘制合适大小的形状，如图 2.126 所示。

图 2.125　选择形状　　　　　　图 2.126　绘制形状

（2）选中形状，在"绘图工具"→"格式"选项卡的"排列"组中选择"旋转"按钮，在下拉列表中先选择"水平翻转"命令，再选择"向左旋转90度"，如图2.127所示。得到效果如图2.128所示。

图2.127　"旋转"下拉列表　　　　图2.128　形状旋转后的效果图

（3）调整形状的大小、位置、形状，如图2.129所示。选中形状，在"绘图工具"→"格式"选项卡的"形状样式"组中，选择"形状填充"，设置颜色为"蓝色，个性色1，深色25%"，选择"形状轮廓"，设置颜色为"白色"，粗细为"6磅"。按住[Shift]键同时选中形状和图片，在"图片工具"→"格式"选项卡的"排列"组中，选择"对齐"按钮中的"垂直居中"，效果如图2.130所示。

图2.129　调整形状　　　　图2.130　修改形状样式后的效果图

4. 插入其他文字

（1）在"插入"选项卡的"文本"组中选择"文本框"按钮，选择"绘制横排文本框"命令，在形状内拖动生成一个合适大小的文本框，输入文字："大赛指南/CONFERENCE GUIDE"。选中文本框，在"绘图工具"→"格式"选项卡的"形状样式"组中单击"形状填充"按钮，设置为"无填充"。单击"形状轮廓"按钮，设置为"无轮廓"。

（2）将"大赛指南"字体设置为"黑体"、字号设置为"48"、颜色为"白色"、加粗、居中对齐。将"CONFERENCE GUIDE"字体设置为"等线、字号设置为"24"、颜色为"白色"、加粗、居中对齐。调整文本框的大小和位置，效果如图2.131所示。

（3）用同样的方法，插入横排文本框，输入文字"人工智能学院制/2021年5月"，设置字体为"黑体"、字号为"22"、颜色为"黑色"、加粗、水平居中。得到"大赛指南封面"最终效果如图2.132所示。

| 图 2.131 输入文字后的效果图 | 图 2.132 "大赛指南封面"效果图 |

任务巩固——制作公司宣传册封面

任务巩固

公司宣传册设计通常是结合企业的文化、企业精神、企业性质、企业产品的特点、企业的相关案例等，针对不同的宣传目的，设定明确的宣传主题，加上创意的排版设计，能够突出企业的实力和特点，达到企业产品宣传的目的。请你为公司宣传册制作封面，效果如图 2.133 所示。

图 2.133 公司宣传册封面效果图

任务4 制作商务文件

任务目标

❖ 了解邮件合并的功能
❖ 掌握邮件合并的操作方法

任务场景

企业要想发展，需要与合作公司保持良好的关系，定期与合作公司进行深入的沟通与交流，及时获得反馈信息，有助于打造良好的合作关系，促进企业健康持续发展。

为了构建良好的合作伙伴关系，进一步加强与合作伙伴之间的深度合作，公司 2020 届合作伙伴交流年会将于近期举行。小傅需要制作邀请函，传达交流大会的时间、地点、合作伙伴的座位等信息，并打印信封将邀请函邮寄给所有受邀的单位。随后，小傅还需逐一和合作公司联络人进行电话确认其是否参加即将举行的交流大会，并根据确认结果，制作参会证件。

任务准备

任务准备

2.4.1 邮件合并的概念

在平常的工作中，我们经常要批量制作一些主要内容相同，只是部分数据有变化的文件，比如成绩单、邀请函、名片等，如果一个个制作的话，会浪费大量的时间。这时候我们就可以利用 Word 的邮件合并功能，帮助我们快速批量地生成文件。它可以将数据从所在的数据源文件中提取出来，放在主文档中用户指定的位置上，从而将数据库记录和文本组合在一起。

2.4.2 主文档

主文档指在邮件合并操作中，所含文本和图形对合并文档的每个版本都相同的文档，即邮件合并中内容的固定不变的部分，例如，填写内容的信封、未关联个人信息的工资条、奖状、邀请函等，如图 2.134 所示。建立主文档的过程和平时新建一个 Word 文档一样，通常在使用邮件合并之前建立主文档，这样不但可以考查该项工作是否适合使用邮件合并，而且主文档的建立也为数据源的建立或选择提供了标准。

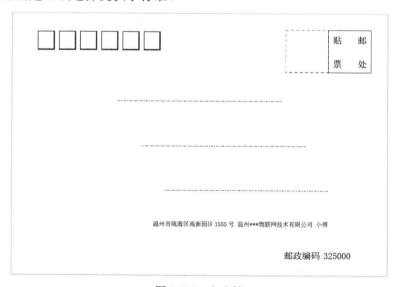

图 2.134　主文档

2.4.3　数据源

数据源就是数据记录表,其中包含着相关的字段和记录内容。邮件合并除可以使用由 Word 创建的数据源之外,Excel 工作簿、Access 数据库、MySQL Server 数据库都可以作为邮件合并的数据源。作为数据源,数据要具备规范性。想要跟上述信函进行数据匹配,数据源中需要有姓名、称谓、单位、地址、邮编等信息,若数据源为 Excel 工作簿,里面也需包含这些相关信息。

如果要使用数据源,单击“邮件”选项卡→“开始邮件合并”组→“选择收件人”下拉按钮,即可选择数据源。通常单击“使用现有列表”来选择已经创建好的数据源,如图 2.135 所示,即 Excel 工作簿。

2.4.4　插入合并域

通过插入合并域操作可以在主文档的相应位置插入字段。单击“邮件”选项卡→“编写和插入域”组→“插入合并域”下拉按钮,如图 2.136 所示,选择相应字段即可完成操作。

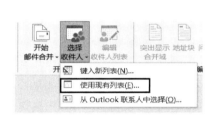

图 2.135　选择数据源　　　　　　　　图 2.136　插入合并域

2.4.5　域代码

Word 中的域用作文档中可能会更改数据的占位符,并用于在邮件合并文档中创建套用信函和标签。在使用特定命令(如插入页码时、插入封面等文档构建基块时或创建目录)时,Word 会自动插入域。还可以手动插入域,以自动处理文档外观,如合并某个数据源的数据或执行计算。

域代码出现在大括号内({ })。域的作用类似于 Excel 中的公式,而域的结果类似于该公式生成的值。可通过按[Alt+F9]键,在文档中对显示域代码和域结果进行切换。

在插入域上单击鼠标右键,利用快捷键可以切换域代码、更新域、编辑域等操作。

➢ 小技巧:F9——更新域,[Alt+F9]——切换域代码,[Shift+F9]——单个切换域代码,[Ctrl+F9]——手工输入域。

这里简单介绍两个常用域,FileName 域与 Date 域。

FileName 域:FileName 域插入“属性”对话框的“常规”选项卡上记录的文档的文件名。例如,要在打印文档的每一页上显示“文档:C:\MSOFFICE\WINWORD\REPORTS\Sales for qtr4.doc”等信息,可在页眉或页脚中插入以下文本和域:文档:{ FILENAME \p }

Date 域：Date 域将插入当前日期。单击"插入"选项卡上"文本"组中的"日期和时间"时，Word 会插入一个 Date 域。例如，{ DATE \@ "dddd, MMMM d" }显示为 11 月 26 日星期六，{ DATE \@ "h:mm am/pm, dddd, MMMM d" }显示为 11 月 26 日星期六 10:00 AM。

2.4.6　邮件合并

在插入域之后还需要进行合并文档操作。单击"邮件"选项卡→"完成"组→"完成并合并"下拉按钮，选择"编辑单个文档…"，弹出"合并到新文档"对话框，选择"全部"，单击"确定"按钮，效果如图 2.137 所示。

图 2.137　邮件合并结果效果图

➡ 任务演练——制作邀请函

任务演练

为了郑重邀请合作伙伴参加 2020 温州××物联网技术有限公司合作伙伴交流年会，小傅需要制作一批能够体现公司的礼仪愿望、友好盛情的邀请函，每份邀请函中都需要包含邀请嘉宾姓名、称谓、座位号等，因此，小傅想到可以使用 Word 的邮件合并功能完成此任务。

"邀请函"效果图如图 2.138 所示。

图 2.138　"邀请函"效果图

1. 制作邀请函主文档

设计邀请函主文档内容，并按照效果图进行排版，如图 2.139 所示。

2. 选择文档类型

依次单击"邮件"选项卡→"开始邮件合并"组→"开始邮件合并"下拉按钮，单击"信函"按钮，如图 2.140 所示。

图 2.139 主文档效果   图 2.140 选择文档类型

3. 选择数据源

依次单击"邮件"选项卡→"选择收件人"组→"使用现有列表"选项，选择所需的"合作公司信息.xlsx"文件，如图 2.141、图 2.142 所示。

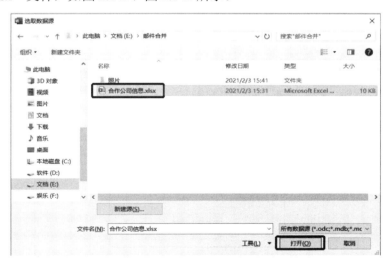

图 2.141 选择数据源步骤 1

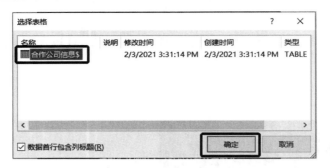

图 2.142　选择数据源步骤 2

4．插入域

鼠标光标移至"尊敬的"后面，单击"编写插入域"组→"插入合并域"按钮（见图 2.143），选择插入"负责人"域、"称呼"域，用同样的方法在"座位号"后插入"座位"域，效果如图 2.144 所示。

图 2.143　插入域

图 2.144　插入域结果效果图

5．完成合并

单击"完成"选项卡→"完成并合并"组→"编辑单个文档"选项，选择"全部"，如图 2.145 所示，单击"确定"按钮，即可得到最终结果。

图 2.145　合并到新文档

任务拓展——制作会议参会证

任务拓展

每位参会嘉宾都需要凭参会证进入会议厅，因此，小傅还需要为会务组制作一批参会证。参会证中包含有姓名、单位、座位号，为使参会证更具实用性，还需要给参会证增加照片。若给参会证依次添加照片，势必会增加很大的工作量，灵活运用邮件合并功能可减轻不少工作量。

"参会证"的效果图如图 2.146 所示。

图 2.146　"参会证"效果图

1．制作参会证主文档

设计参会证基本内容，并按照效果图进行排版，如图 2.147 所示。

2．选择文档类型

依次单击"邮件"选项卡→"开始邮件合并"组→"开始邮件合并"下拉按钮，选择"信函"选项，如图 2.148 所示。

图 2.147　设置页边距

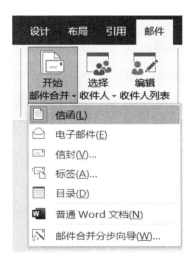

图 2.148　选择文档类型

3．选择数据源

依次单击"邮件"选项卡→"选择收件人"组→"使用现有列表"选项，选择所需的"合作公司信息.xlsx"文件，如图 2.149、图 2.150 和图 2.151 所示。

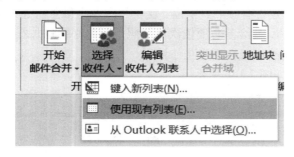

图 2.149　选择数据源步骤 1

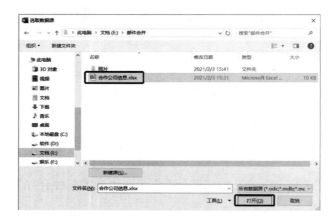

图 2.150　选择数据源步骤 2

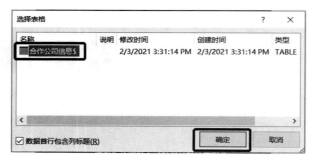

图 2.151　选择数据源步骤 3

4．插入文字域

分别在"姓名""单位""座位"文字后面插入"负责人""公司名称""座位"域，如图 2.152、图 2.153 所示。

5．插入图片域

（1）插入图片域。单击欲插入图片的位置，单击"插入"选项卡→"文本"组→"文档部件"下拉按钮，选择"域"，如图 2.154 所示。

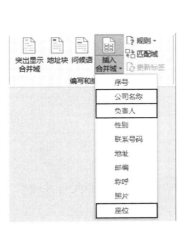

图 2.152　插入文字域

图 2.153　插入文字域结果效果图

图 2.154　插入图片域步骤 1

（2）设置域名与域属性。在"域"窗口中选择"域名"为"IncludePicture"，在"文件名或 URL"中任意输入一个文件名，如"照片"，单击"确定"按钮，如图 2.155 所示。

（3）设置图片大小。选中图片，在"格式"选项卡中取消"锁定纵横比"，将图片大小的高度设为 3.5 厘米，宽度设为 2.5 厘米，如图 2.156 所示。

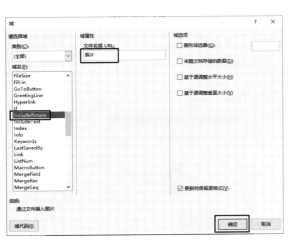

图 2.155　插入图片域步骤 2

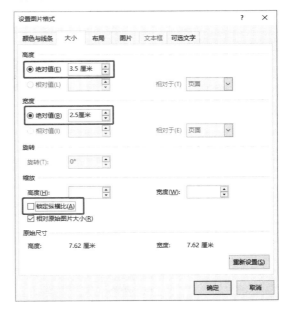

图 2.156　插入图片域步骤 3

（4）设置域代码。选中图片，按住[Shift+F9]组合键，则可显示域代码，如图 2.157 所示。

图 2.157　插入图片域步骤 4

选中"照片"两个字符，单击"邮件"选项卡→"编写和插入域"组→"插入合并域"下拉列表，选择"照片"，如图 2.158 所示。

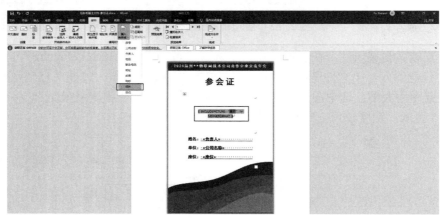

图 2.158　插入图片域步骤 5

此时结果如图 2.159 所示。

（5）刷新域。按住 F9，可刷新图片，如图 2.160 所示。

图 2.159　插入图片域步骤 6

图 2.160　插入图片域结果效果图

6. 完成合并

依次单击"完成"选项卡→"完成并合并"组→"编辑单个文档"选项，选择"全部"，单击"确定"按钮，如图 2.161 所示。这时图片还未更新。

图 2.161 完成合并步骤

按住[Ctrl+A]组合键全选所有内容，再按 F9 刷新域，即可得到最终结果。

任务巩固——制作信封

任务巩固

在完成了邀请函与参会证的制作之后，小傅还需要制作信封，将邀请函与参会证邮寄给参会嘉宾。

"信封"效果图如图 2.162 所示。

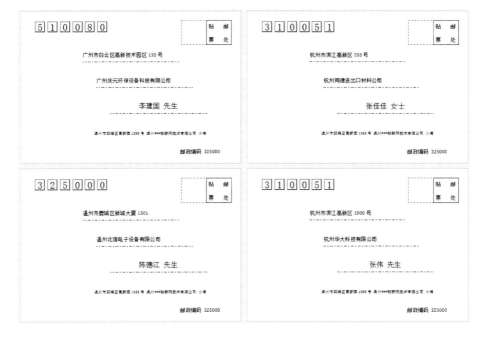

图 2.162 制作信封结果效果图

1. 制作信封主文档

（1）创建信封。单击"邮件"选项卡→"创建"组→"中文信封"。

（2）信封制作向导。根据引导，单击"下一步"按钮，直到显示输入寄件人信息。输入"姓名"为"小傅"，单位为"温州××物联网技术有限公司"，地址为"温州市瓯海区高新园 1555 号"，邮编为"325000"，如图 2.163 和图 2.164 所示。

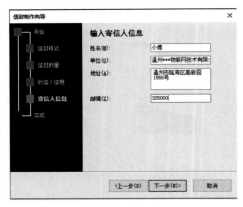

图 2.163　信封制作向导　　　　　　　　图 2.164　信封主文档

2. 选择文档类型

在"邮件"选项卡中单击"开始邮件合并"功能区中的"开始邮件合并"下拉选项，单击"信函"按钮，如图 2.165 所示。

3. 选择数据源

单击"邮件"选项卡→"选择收件人"组→"使用现有列表"选项，选择所需的"合作公司信息.xlsx"文件，如图 2.166、图 2.167 和图 2.168 所示。

图 2.165　选择文档类型　　　　　图 2.166　选择数据源步骤 1

图 2.167　选择数据源步骤 2

图 2.168　选择数据源步骤 3

4．插入域

单击"邮件"选项卡→"编写和插入域"组→"插入合并域"下拉按钮，选择相应字段即可完成操作，如图 2.169 所示。

图 2.169　插入合并域

5．完成合并

单击"完成"选项卡→"完成并合并"组→"编辑单个文档"选项，选择"全部"，如图 2.170 所示，单击"确定"按钮，即可得到最终结果。

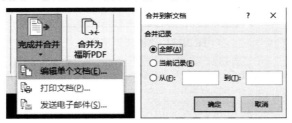

图 2.170　完成合并流程

任务 5　制作长文档

➡ 任务目标

❖ 掌握长文档排版的操作方法
❖ 掌握目录的生成方法

➡ 任务场景

公司规章制度是公司用于规范成员及所有经济活动的标准和规定，它是公司内部经济责任制的具体化。每年的第四季度，综合管理部都会对公司的各项规章制度进行梳理和修订，经过多轮会议研讨，公司领导敲定了最新版的公司规章制度。规章制度等长文档，内容繁多、排版复杂，本周组长要求小傅对规章制度进行重新排版印刷，并且协同市场部完成一份调研报告的排版。

➡ 任务准备

任务准备

2.5.1 样式

样式是 Word 中文字的格式模板。Word 中的任何文字都可以设置样式，设置好样式后，录入的文字就可以应用样式，从而都具有相同的字体、字号、行距、缩进、颜色、下画线等。标题样式还可以自动抓取生成目录。

1. 应用内置样式

在长文档排版过程中，往往是先进行样式设置，再录入文字，最后应用样式，极大地提升排版效率。在 Word 内自带多种样式类型，如"标题""正文""要点"等样式。可在"开始"选项卡→"样式"组查看已有样式。例如，给标题"温州"应用已有标题样式，如图 2.171 所示，可将光标置于"温州"两字一行或选中"温州"，单击"开始"选项卡中"样式"组的"标题"样式，如图 2.172 所示，最后，得到的效果如图 2.173 所示。

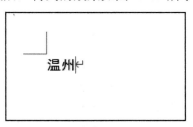

图 2.171 "温州"字样

图 2.172 "样式"组

图 2.173 应用已有样式示例

2. 创建新样式

在制作文档的过程中，往往需要使用自己创建的标题或正文样式。在 Word 中，可以根据需求新建所需的样式。单击"开始"选项卡→"样式"组→"下拉按钮" ▼ →"创建样式"，打开对话框如图 2.174 和图 2.175 所示，单击"修改"按钮打开"根据格式化创建新样式"对话框，如图 2.176 所示。

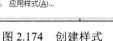

图 2.174　创建样式

图 2.175　根据格式化创建新样式对话框

图 2.176　样式设置对话框

3. 修改样式

对已存在的内置样式可以进行自定义修改，可在"样式"组内右击样式，如图 2.177 所示，选择"修改"打开"修改样式"对话框进行样式设置修改，如图 2.178 所示。

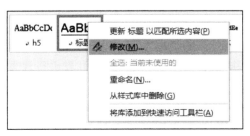

图 2.177　修改已有样式

图 2.178 "修改样式"对话框

4. 删除样式

已存在的样式可以进行删除，在"样式"组中右击已有样式，如图 2.179 所示，选择"从样式库中删除"选项以删除样式。

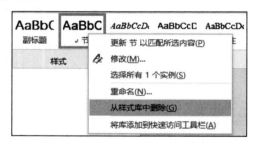

图 2.179 删除已有样式

2.5.2 多级符号

一篇长文档需要根据其主标题、节标题、段落标题等进行划分，让整个文档具有结构性和层次性。多级符号常用于为列表或文档设置层次结构。

1. 定义多级列表

依次单击"开始"选项卡→"段落"组→"多级列表"按钮→"定义新多级列表"打开对话框，如图 2.180 和图 2.181 所示。对话框左下角选择"更多"或"更少"以变动显示的设置。在左侧数字级别中单击"要修改的级别"对某一级别列表进行设置。

2. 将级别链接到样式

设置完每一级别后，可在右侧"将级别链接到样式"选项处，根据文档中使用的标题级别样式，分别将编号格式级别链接到不同的标题样式，如图 2.182 所示。

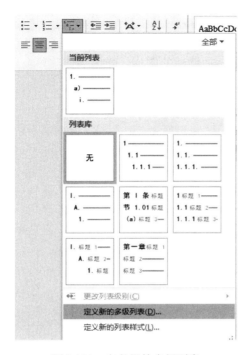

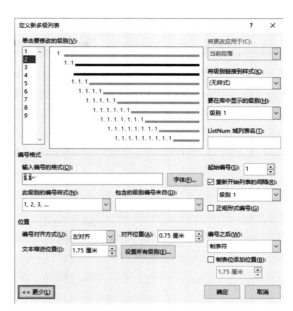

图 2.180 定义新的多级列表 　　　　图 2.181 定义新的多级列表对话框

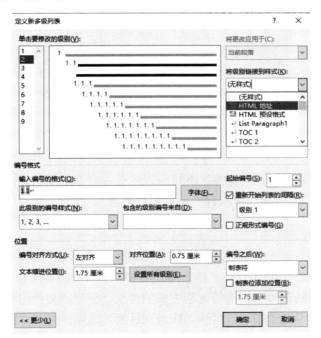

图 2.182 将级别链接到样式

2.5.3 题注

在长文档中，图片、表格、公式等元素往往十分丰富，题注常用于给这些元素添加编号与名称。加入题注后的元素不仅让文档在浏览时更轻松，在制作相对应的图目录时操作也会更简单。

选中需要添加题注的元素，如图片，单击"引用"选项卡→"题注"组→"插入题注"按钮打开"题注"对话框，如图 2.183 所示；或右击需要添加题注的图片，弹出快捷菜单，选择"插入题注"选项，同样可以打开"题注"对话框，如图 2.184 所示。

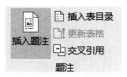

图 2.183　插入题注

图 2.184　右击插入题注

在"题注"对话框内，可在"标签"下拉列表中查看有无所需的题注标签，或者单击"新建标签"建立新的标签。"位置"可选择"所选项目下方"。打开"编号"对话框，可选择是否"包含章节名"等设置。

2.5.4　图索引

图索引是以文档内的图片、表格等元素生成的目录。在完成文档内容并添加题注之后，可依次单击"引用"选项卡→"题注"组→"插入表目录"选项，打开"图表目录"对话框进行图表目录的添加，如图 2.185 和图 2.186 所示。在此对话框中，用户可以修改表目录的样式。

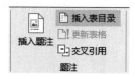

图 2.185　插入表目录

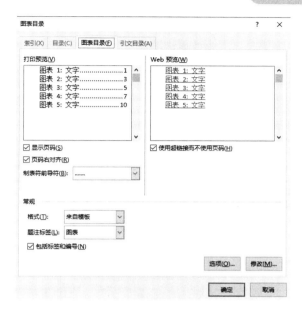

图 2.186 "图表目录"对话框

2.5.5　交叉引用

交叉引用是对文章中其他元素内容进行引用。例如"如'图 1-3 ×××'",其中"图 1-3 ×××"即为对图片题注创建的交叉引用。除此以外,交叉引用还能对标题、脚注、书签、编号等内容进行创建。

依次单击"引用"选项卡→"题注"组 →"交叉引用"按钮→打开"交叉引用"对话框,如图 2.187 所示,在"引用类型"选项中选择需要引用的内容类型。可在"引用类型"内设置引用元素的类型,如图、图表、公式、标号、书签等,再选择所需引用的题注,单击"插入"按钮。

图 2.187 "交叉引用"对话框

2.5.6 脚注与尾注

在创建论文一类的文档时，往往需要对文中的一些内容或名词进行额外的注释，这些注释被称为脚注或尾注。其中脚注位于每一页的底端，而尾注则是位于文档的结尾处。

将光标移至需要注释的词后方，依次单击"引用"选项卡→"脚注"组→"插入脚注"或"插入尾注"按钮即可插入注释。

打开"脚注"功能区右下角下拉列表，可进行脚注与尾注的设置，如图 2.188 所示。在"位置"处可修改脚注和尾注显示的位置；"格式"处可修改脚注或尾注的编号格式。删除脚注或尾注，可在正文中选中脚注或尾注，按下[Delete]键进行删除。

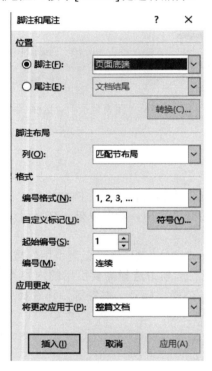

图 2.188 "脚注和尾注"对话框

2.5.7 页眉和页脚

页眉与页脚是分别出现在同一页的顶部和底部的注释性文字，页眉可以显示如文档标题、章节标题，而页脚可以添加不同格式的页码。

1. 添加页眉和页脚

选择"插入"选项卡→"页眉和页脚"组→"页眉"或"页脚"即可打开 Word 自带的各类页眉页脚模板，如图 2.189 所示（以页眉为例）。

单击"编辑页眉"即可进入页眉的编辑模式。在编辑模式下，页眉区域会出现一条虚线将其与文档内容进行划分，在实线部分可以进行内容的添加，如图 2.190 所示。

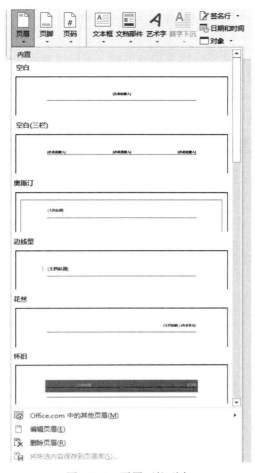

图 2.189 页眉下拉列表

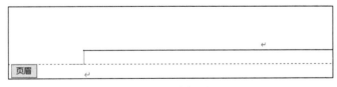

图 2.190 编辑页眉

在编辑模式下，依次单击"页眉和页脚工具/设计"选项卡→"关闭"组→"关闭页眉和页脚"即可退出编辑模式。

➤ 小技巧：用鼠标左键双击页眉页脚区域或右击页眉页脚区域选择"编辑"选项，同样可以进入"编辑"模式。

2. 删除页眉页脚

单击"插入"选项卡→"页眉和页脚"组→"页眉"或"页脚"按钮，在下拉列表中选择"删除页眉"或"删除页脚"。

2.5.8 分页与分节

在编辑 Word 文档时，软件会自动为文档进行分页。而在完成一些有排版要求或视觉要求的文档时，使用分页符或分节符可以有效地达到这一目的。

1. 分页

（1）插入分页符。需要对文档进行手动分页时，将鼠标置于需要进行分页操作的位置，依次单击"布局"选项卡→"页面设置"组→"分隔符"，打开下拉列表，选择"分页符"即可完成手动分页，如图 2.191 所示。或者将鼠标置于需要进行分页操作的位置，单击"插入"选项卡下"页面"组中的"分页"按钮进行分页，如图 2.192 所示。

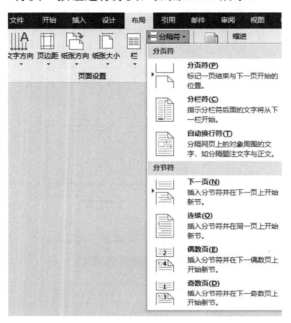

图 2.191　分隔符

（2）取消分页。若需要取消分页，可将鼠标置于分页符左侧或者选中分页符，使用[Delete]键进行删除。也可在"开始"选项卡→"段落"组→单击"显示/隐藏编辑标记"以显示文档中的各类符号，如图 2.193 所示。

图 2.192　插入分页符

图 2.193　"显示/隐藏编辑标记"按钮

2. 分节

分节符可以让一份文档分成多个部分，使各个部分拥有不同的页眉与页脚信息，以及不同的页边距、页面方向等页面属性。

（1）插入分节符。需要对文档进行分节时，将光标置于需要进行分节操作的位置，依次单击"布局"选项卡→"页面设置"组→"分隔符"打开下拉列表，选择"分节符"内的"下一页"即可完成。

（2）自动建立节。除了手动插入分节符进行分节，Word 还提供了自动分节功能。打开"布局"选项卡→"页面设置"组，弹出"页面设置"对话框，如图 2.194 所示，在顶部选择"布局"选项，可在"节"设置内选择自动建立节的起始位置。

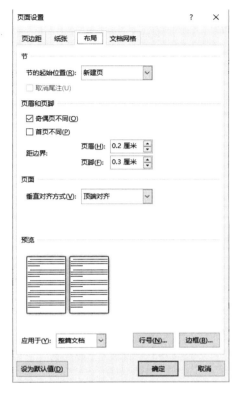

图 2.194　"页面设置"对话框

2.5.9　目录

长文档，如科研论文、宣传介绍等文档中，都存在着目录页。目录页可以让阅读者更加清楚地了解整篇文档的内容与结构分布，并且可以根据目录和页码快速寻找到所需的内容。目录页一般位于正文之前的页面。

（1）生成目录。在 Word 中，目录可以根据文档中所用的各级别标题与标题相对应所在的页码进行自动或者手动生成。

将光标置于想要添加目录的页面，单击"引用"选项卡→"目录"组→"目录"按钮打开下拉列表，如图 2.195 所示。可以选择"手动目录"添加目录，再进行手动内容输入，或选择"自动目录"自动生成目录。

上述两种添加目录使用的格式为默认格式，在下拉列表内选择"自定义目录"可打开"目录"对话框，如图 2.196 所示，进行目录格式的自定义设置。在"常规"选项下可选择目录显示的标题级别；单击"修改"按钮可打开目录"样式"对话框，如图 2.197 所示，在此对话框内单击"修改"按钮可修改字体样式等设置。完成设置后，单击"确定"按钮即可生成目录。

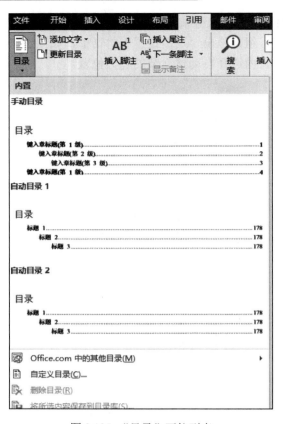

图 2.195 "目录"下拉列表

图 2.196 "目录"对话框

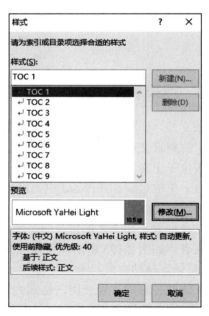

图 2.197 "样式"对话框

（2）更新目录。在生成目录之后，若因对文档内容进行修改导致标题或页码等产生变动时，可使用"更新目录"功能进行目录的更新。单击"引用"选项卡→"目录"组→"更新目录"

按钮打开"更新目录"对话框，如图 2.198 所示，选择"更新整个目录"，单击"确定"即可完成目录更新。

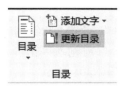

图 2.198 "更新目录"按钮

➡ 任务演练——制作规章制度文档

小傅收到了组长转发给他的员工规章制度文字稿，初步计划将文档分为封面、目录与内容三部分进行排版。首先，他要将正文内容按正确格式进行设置，层次分明、条理清晰，充分利用长文档技巧完成设置，并且便于后续的二次修订。而封面与目录的设计，小傅力争做到简洁明快，一目了然。具体文档效果图如图 2.199 和图 2.200 所示。

任务演练

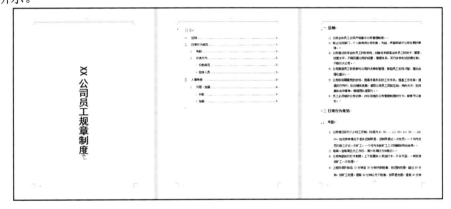

图 2.199 "制作规章制度文档"效果图 1

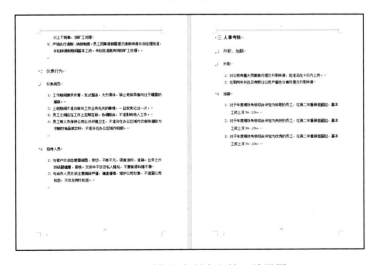

图 2.200 "制作规章制度文档"效果图 2

1. 定义新的多级列表

单击"开始"选项卡→"段落"组→"多级列表"按钮打开下拉列表，选择"定义新的多级列表"。

在"单击要修改的级别"内选择"1"，设置"此级别的编号样式"为"一、二、三（简）…"，并在"输入编号的格式"内显示的"一"前输入"第"，"一"后面输入"章"，在"将级别链接到样式"选项内选择"标题1"，如图2.201所示。

在"单击要修改的级别"内选择"2"，设置"此级别的编号样式"为"一、二、三（简）…"，并在"输入编号的格式"内同上修改成"第一节"，在"将级别链接到样式"选项内选择"标题2"，"对齐位置"设置成"0厘米"，如图2.202所示。

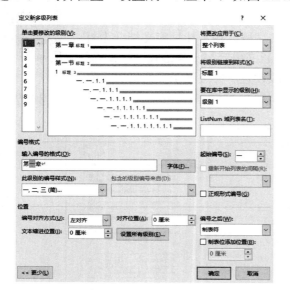

图2.201　第1级样式设置

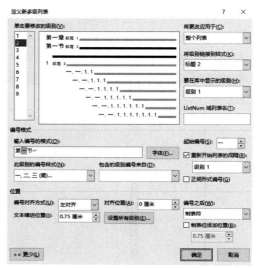

图2.202　第2级样式设置

设置第3级标题为"1，2，3…"，在"将级别链接到样式"选项内选择"标题3"，"对齐位置"设置成"0厘米"，"文本缩进位置"为"0.75厘米"，如图2.203所示。

2. 修改标题样式

在"开始"选项卡→"样式"组中，右击"标题1"选择"修改"打开"修改样式"对话框，设置字体为"宋体""小一""加粗""居中"，如图2.204所示。

用同样的方法修改"标题2"字体为"宋体""小二""左对齐"；"标题3"为"宋体""小三""左对齐"。

3. 应用标题样式

在文档内选择相对应的标题文本，如"总则"为第一级标题，则选中"总则"，再单击"样式"组内的"标题1"样式，即可完成应用。使用同样的方法将其他各级标题进行样式应用。

4. 修改正文样式

与修改标题样式相似，在"开始"选项卡→"样式"组中，右击"正文"样式，选择"修改"。字体修改为"宋体""小四""左对齐"。单击左下角"格式"按钮，选择"段落"打开"段落"对话框，如图2.205所示。设置"行距"为"1.5倍行距"。单击"确定"按钮完成设置后，文档中除了各级标题外的文本都会应用刚才的设置。

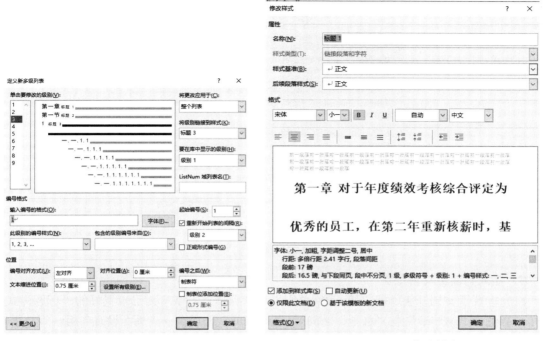

图 2.203 第 3 级样式设置　　　　　　　　图 2.204 修改样式

5. 添加正文编号

选中文档中的内容进行编号的添加,如"第一章 总则"之下内容,在"开始"选项卡→"段落"组→"编号"下拉列表中选择编号样式为"1)、2)、3)",如图 2.206 所示。同样对其他正文内容进行编号。选中需要添加的内容,单击需要的编号样式,即可添加编号,效果如图 2.207 所示。

图 2.205 "段落"对话框　　　　　　　　图 2.206 设置编号

第一章 总则

1) 公司全体员工必须严格遵守公司管理制度。
2) 禁止任何部门、个人做有损公司形象、利益、声誉或破坏公司发展的事情。
3) 公司通过发挥全体员工的积极性、创造性和提高全体员工的技术、管理、经营水平，不断完善公司的经营、管理体系，实行多种形式的责任制，不断壮大公司。
4) 公司鼓励员工积极参与公司的决策和管理，鼓励员工发挥才智，提出合理化建议。
5) 公司积极跟随党的步伐，提倡求真务实的工作作风，提高工作效率；提倡厉行节约，反对铺张浪费；倡导公司员工团结互助，同舟共济，发挥集体合作精神，增强团队凝聚力。
6) 员工必须维护公司纪律，对任何违反公司管理制度的行为，都要予以追究。

图 2.207　应用编号

6．插入封面页与目录页

将光标置于文档开头，即"第一章 总则"前（因"第一章"为已设置好的"标题样式"，故光标会置于"第一章"与"总则"之间）。在"布局"选项卡→"页面设置"组→"分隔符"下拉列表中选择"分节符"中的"下一页"，完成插入空白页。再执行一次同样的操作，最后得到的文档开头为两页空白页，可用作封面页与目录页。

在封面页内插入竖排文本框，输入"××公司员工规章制度"，设置字体为"黑体"，字号为"初号"，加粗并将文本框置于页面中心，即可完成封面页，如图 2.208 所示。目录页则在完成页眉页脚的设置后进行编辑。

7．插入页码与目录

将鼠标移至"第一章 总则"页底端，右击选择"编辑页脚"。单击"插入"选项卡→"页眉和页脚"组→"页码"按钮→"页码格式"，设置其"起始页码"为"1"，单击"确定"按钮，如图 2.209 所示。再选择"页码"下拉列表中的"页面底端"→"普通数字 2"样式添加正文页码，如图 2.210 所示。

图 2.208　封面页效果图

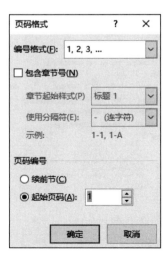

图 2.209　"页码格式"对话框

将光标置于第二页空白页，依次单击"引用"选项卡→"目录"组→"目录"下拉列表，选择"自动目录1"，即可添加目录，如图 2.211 和图 2.212 所示。

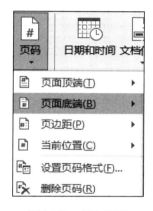

图 2.210　插入页码

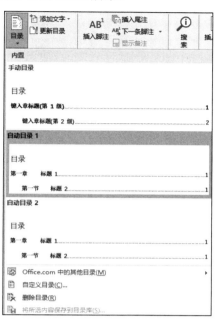

图 2.211　自动生成目录

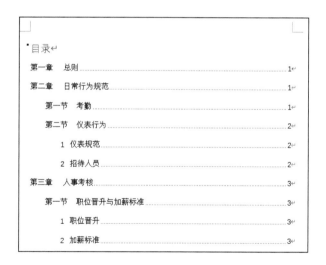

图 2.212　目录页效果图

➡ 任务拓展——制作人工智能行业调研报告

小傅出色地完成了员工规章制度的排版，随后，他联系了市场部的负责人，了解市场部的需求。市场部前期针对人工智能技术领域开展了一次市场调研，形成了一份调研报告初稿，希望综合管理部协助排版印刷。小傅发现，相比员工规章制度，市场调研报告图文丰富，排版更加复杂，他需要合理运用多级列表和题注功能才

任务拓展

能完成工作。具体效果图如图 2.213～图 2.215 所示。

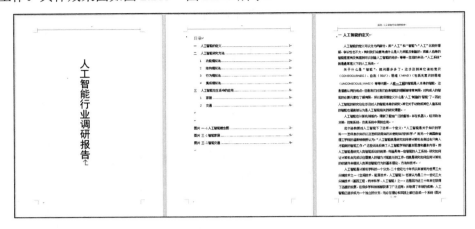

图 2.213 "制作人工智能行业调研报告"效果图 1

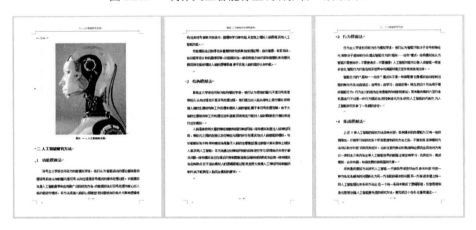

图 2.214 "制作人工智能行业调研报告"效果图 2

图 2.215 "制作人工智能行业调研报告"效果图 3

1．设置多级列表

与任务演练内设置标题样式类似，在"开始"选项卡→"段落"组→"多级列表"下拉列表中选择"定义新多级列表"，得到的多级列表设置效果如图2.216所示。

在设置第二级标题时，首先删除"输入编号的格式"框内的内容，然后在"包含的级别编号来自"中选择"级别1"，如图2.217所示。

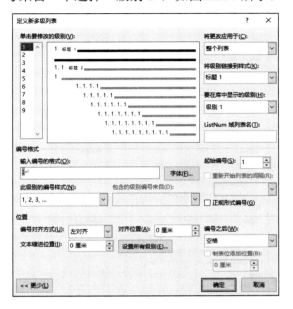

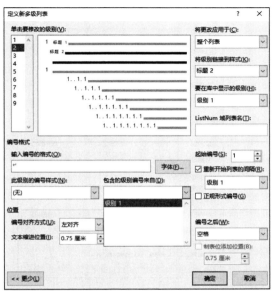

图2.216　第1级样式设置　　　　　　　　图2.217　第2级样式设置1

在"此级别的编号样式"内选择"1，2，3，…"如图2.218所示。

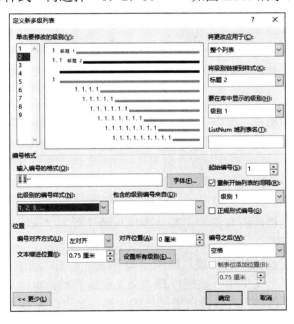

图2.218　第2级样式设置2

2. 设置并应用标题与正文样式

设置"标题1"样式为"宋体""小二""加粗""左对齐"，左下角"格式"按钮内"段落"的设置如图2.219所示。

设置"标题2"样式为"宋体""小三""加粗""左对齐"，"段落"设置同上。

设置"正文"样式为"宋体""小四""左对齐"，左下角"格式"按钮内"段落"的设置如图2.220所示。

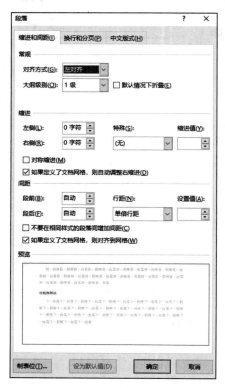

图2.219 标题段落设置

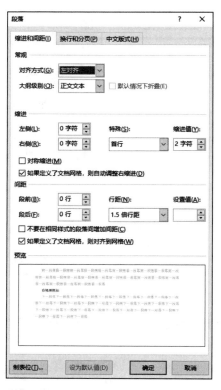

图2.220 正文段落设置

3. 设置题注

选中需要添加题注的图片，单击"引用"选项卡→"题注"组→"插入题注"打开"题注"对话框，或右击图片选择"插入题注"。在对话框内单击"新建标签"，在弹出的"新建标签"对话框内输入标签"图"。再单击右下方"编号"，勾选"包含章节号"，如图2.221所示。最后在"题注"对话框内输入图片的名称，单击"确定"按钮完成题注的插入，效果如图2.222所示。

用同样的方法设置文档内所有图片，并且图片与题注皆为"居中对齐"。

4. 设置图的交叉引用

将光标移至文章内提及图片的位置，例如"如下图"文字。选中"下图"，单击"引用"选项卡→"题注"组→"交叉引用"按钮打开"交叉引用"对话框，如图2.223所示。选择要引用的题注，可在"引用内容"内修改所需引用的文本，如"仅标签与编号"或"正项题注"，单击"插入"完成交叉引用。对文档内所有提及图片的内容皆可进行交叉引用。

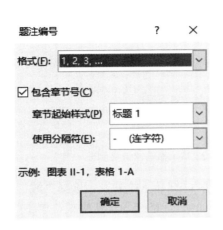

图 2.221 题注编号设置

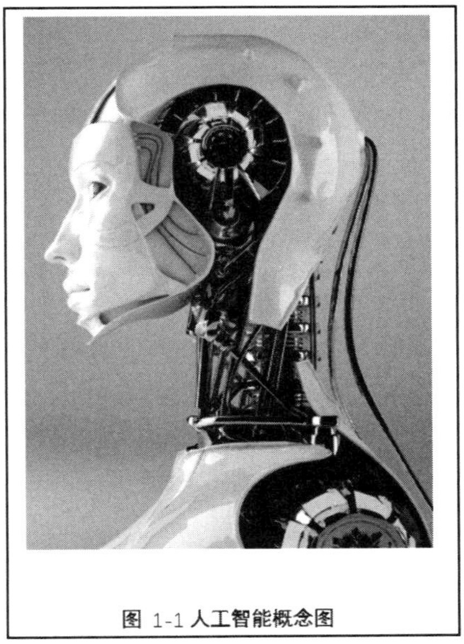

图 1-1 人工智能概念图

图 2.222 题注效果图

图 2.223 "交叉引用"对话框

5. 插入封面页与目录页

与任务演练相同，在第一页前面使用分节符插入三页空白页，在第一页插入文本框作为封面页。第二页与第三页作为目录页与图目录页，在完成页眉和页脚的设置后再进行目录的插入操作。

6. 设置页眉与页脚

设置页眉时需要注意奇数页与偶数页的页眉不同，这种情况往往在各类书籍或论文中都有出现，奇数页显示章或书名或论文标题，而偶数页显示此页所在的章节名。此外，封面页与目录页往往不显示页眉，我们需要在编辑时进行相应的设置。

　　将光标移至第四页，也就是正文开头那页的页眉，右击页眉选择"编辑页眉"，在"选项"组勾选"奇偶页不同"，如图 2.224 所示，在"导航"功能区撤选"链接到前一节"，如图 2.225 所示，这样在设置时就不会影响前一节页眉的内容。

图 2.224　奇偶页不同设置　　　　　图 2.225　撤选"链接到前一节"

　　单击"插入"功能区→"文本"组→"文档部件"，打开下拉列表，选择"域"打开"域"对话框，如图 2.226 所示。在"域名"内选择"Filename"，格式为默认格式，单击"确定"完成奇数页页眉文章名称的设置，效果如图 2.227 所示。

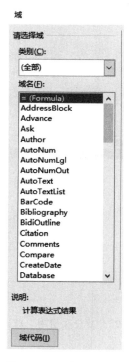

图 2.226　"域"对话框

图 2.227　页眉效果图

完成第四页页眉后，将光标移至第五页处进行第五页的页眉编辑。同样选择插入域，在"域名"处选择"StyleRef"，"样式名"选择"标题 1"，"域选项"勾选"插入段落编号"，单击"确定"按钮添加完标题编号，如图 2.228 所示；再次插入此域，样式为"标题 1"，"域选项"内选择"插入段落位置"复选框，单击"确定"按钮，效果如图 2.229 所示。所有页眉文本皆为居中对齐。

图 2.228　页眉添加标题

2 人工智能研究方法

图 2.229　页眉效果图

在第四页页脚处右击选择"编辑页脚"，同样撤选"链接到前一节"。设置页脚页码格式"起始页码"为 1，选择"页面底端"插入"X/Y"格式页码，如图 2.230 所示。此处因总页码 Y 会将封面页与目录页计入，因此要对 Y 进行修改。在页码"X/Y"格式下，X 与 Y 实际上皆为域代码。选中 Y，按[Shfit+F9]组合键切换成域代码形式{NUMPAGES}，再按[Ctrl+F9]组合键添加一层域代号{{NUMPAGES}}。因有一页封面页与两页目录页，总页数应减去 3，则为{={NUMPAGES}-3}，如图 2.231 所示。

按[F9]更新域，即可完成总页数设置（若字体不同，可用格式刷设置成与前面页码相同字体格式）。因撤选了"奇偶页不同"，用户需要对偶数页与奇数页分别进行设置。在第五页进行同样设置，完成整个文档页码的编辑。

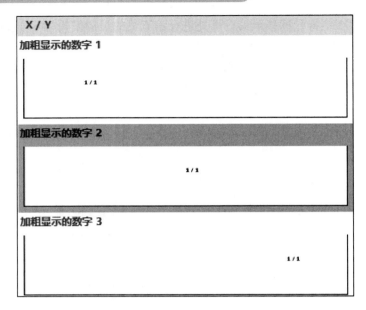

图 2.230　页码格式设置

图 2.231　页码域代码设置

7. 插入目录与图目录

单击"引用"选项卡→"目录"组→"目录"按钮→自动生成目录，完成在第二页插入目录的操作。

在第三页开头输入图目录，按[Enter]键换行，单击"引用"选项卡→"题注"组→"插入表目录"按钮，按默认设置插入图目录，如图 2.232 所示。

图目录↵
图 1-1 人工智能概念图...2↵
图 3-1 智能家居...5↵
图 3-2 智能交通...6↵

图 2.232　图目录效果图

➲ 任务巩固——制作培训计划书

任务巩固

小傅完成了行业的调研报告，公司的人工智能展览会项目也开始筹备，为此部门招收了一批新入职的员工为以后这方面的工作做准备。小傅收到任务，需要负责撰写一篇培训计划书，其中包括对新入职员工的入职培训，以及对老员工的强化培训。在制作计划书时，除使用样式与多级列表对大纲进行设置外，还需对一些特定文本做项目符号的添加或者段落额外设置，效果如图 2.233 和图 2.234 所示。

图 2.233 "制作培训计划书"效果图 1

图 2.234 "制作培训计划书"效果图 2

项目 **3**

<<<<<<

PowerPoint 2019 演示文稿

项目介绍

　　PowerPoint 2019 是 Microsoft 公司开发的 Office 2019 办公组件之一，能够制作出集文字、图形、图像、声音及视频剪辑等多媒体元素于一体的演示文稿，用于设计制作专家报告、教师授课、产品演示、广告宣传的电子版幻灯片等，是一款功能强大的演示文稿软件。

任务安排

　　任务 1　制作产品介绍及调研会海报
　　任务 2　制作产品市场调研和产品介绍演示文稿
　　任务 3　制作交互的公司宣传册
　　任务 4　制作企业年会系列幻灯片

学习目标

　　✧ 掌握图片与图形的插入方法
　　✧ 掌握图片与图形格式的设置方法
　　✧ 掌握图片的排版功能
　　✧ 掌握幻灯片中自定义动画的概念
　　✧ 掌握幻灯片中 SmartArt 的作用
　　✧ 掌握幻灯片中多媒体、图表的插入方法

◇ 掌握幻灯片中幻灯片切换的作用
◇ 掌握幻灯片中超链接的插入方法
◇ 掌握幻灯片中的动画触发器的使用方法
◇ 掌握幻灯片中母版的使用方法
◇ 掌握幻灯片模板的存储和使用方法
◇ 掌握幻灯片自定义放映的方法

任务 1　制作产品介绍及调研会海报

➡ 任务目标

❖ 熟悉 PowerPoint 2019 的工作界面、视图模式
❖ 掌握图片与图形的插入方法
❖ 掌握图片与图形格式的设置方法
❖ 掌握图片的排版功能

➡ 任务场景

　　小傅轮岗的第二站是公司的市场部，在市场部的日常工作中，最常见的就是将工作过程、结果等情况总结成 PPT 演示文稿进行汇报。演示文稿作为包含图、表、文及动画等丰富素材的文件，能够非常直观、形象地将工作的各类情况展示出来。市场部之前完成了人工智能领域的市场调研后，准备升级公司的一款智能产品，于是，部门领导让小傅所在的小组利用 PowerPoint 软件，制作一份人工智能技术调研材料和一份调研结果的汇报材料。

➡ 任务准备

任务准备

3.1.1　熟悉 PowerPoint 2019 工作界面

　　PowerPoint 2019 的工作界面由快速访问工具栏、标题栏、窗口控制按钮、"文件"按钮、选项卡、操作说明搜索、功能区、幻灯片大纲窗格、编辑区、状态栏、视图按钮、显示比例等部分组成，如图 3.1 所示。

　　界面中各组成部分功能如下：

● 快速访问工具栏：该工具栏中集成了多个常用的功能按钮，默认状态下包括"保存""撤销""恢复"按钮，用户可以根据需要添加"新建""打开"等按钮。

● 标题栏：用于显示文档的标题和类型。

● 窗口控制按钮：用于执行窗口的最小化、最大化或关闭操作。

● "文件"按钮：利用该按钮可以选择对文档执行新建、保存、打印等操作。

● 选项卡：位于标题栏下方，包括"开始""插入"等选项卡标签，单击任意标签可切换至对应的选项卡。

● 操作说明搜索：可快速搜索想要使用的功能并获得功能帮助。

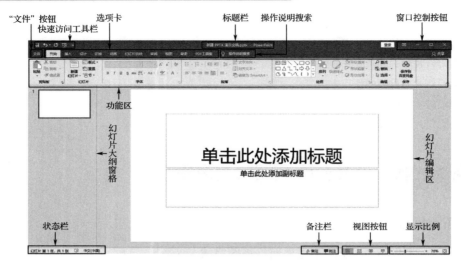

图 3.1　PowerPoint 2019 的工作界面

- 功能区：显示当前选项卡所包含的功能按钮，例如切换至"开始"选项卡，便显示复制、粘贴、字体设置和对齐方式设置等功能按钮。
- 编辑区：用于编辑和制作需要的演示文档内容。
- 大纲窗格：显示当前演示文档幻灯片的缩略图。
- 状态栏：显示当前的状态信息，如页数、字数及输入法等。
- 视图按钮：提供普通视图、大纲视图、幻灯片浏览视图、备注页视图和阅读视图 5 种视图模式，可切换至任一视图模式来查看当前文档。
- 显示比例：用于设置编辑区的显示比例，可以通过拖动滑块快速进行调整。

3.1.2　演示文档的新建与保存

1．新建演示文稿

启动 PowerPoint 2019，在"文件"选项卡中单击"新建"命令，即可创建一个新的演示文稿，如图 3.2 所示。按[Ctrl+N]组合键，或单击"快速访问工具栏"右侧的下拉菜单按钮，选择"新建"命令，将"新建"按钮添加到"快速访问工具栏"之后，在"快速访问工具栏"单击"新建"按钮，也可创建新演示文稿。在"文件"选项卡中的"新建"窗格中有许多内置幻灯片模板可供选择。

图 3.2　新建演示文稿

2. 保存演示文稿

执行"文件"→"保存"命令，或按[Ctrl+S]组合键，或单击"快速访问工具栏"→"保存"按钮，均可保存演示文稿。

当第一次保存新建演示文稿时，会打开"另存为"对话框，选择保存路径，输入文件名称，即可保存至相应路径，文档的默认扩展名为".pptx"。

> ➢ 小技巧：如果想修改一个文档，又担心破坏原文档内容，可以将原文档复制一份，或者通过"文件"→"另存为"命令，保存源文档的副本。

3.1.3 视图模式

在 Powerpoint 2019 中提供了 5 种视图模式："普通视图""大纲视图""幻灯片浏览视图""备注页视图""阅读视图"。不同的视图模式表示不同的工作环境，用户可以在"视图"选项卡的"视图"组中选择需要的视图模式，如图 3.3 所示，也可以在文档窗口的右下方单击视图按钮选择对应的视图模式。

图 3.3 视图模式

1. 普通视图

普通视图是系统默认的视图模式，如图 3.4 所示。此模式下，界面被分成 3 部分：幻灯片窗格、幻灯片编辑区和备注窗格。左侧窗口显示的幻灯片窗格，可查看各个幻灯片的缩略图与顺序。右侧则为幻灯片编辑区，选中一张幻灯片后可在此处进行编辑。幻灯片编辑区下方为备注窗格，可在此处添加该幻灯片的备注。

图 3.4 普通视图

2. 大纲视图

大纲视图可以以多级大纲的形式显示演示文稿中各张幻灯片的文字内容，如图 3.5 所示。

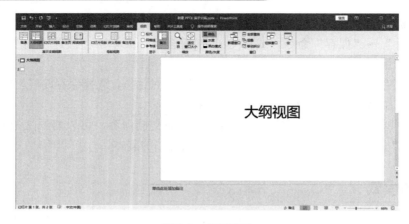

图 3.5　大纲视图

3. 幻灯片浏览视图

幻灯片浏览视图，如图 3.6 所示，可将所有幻灯片最小化并同时显示多张幻灯片。此模式下可轻松进行幻灯片的添加、删除、复制等操作。

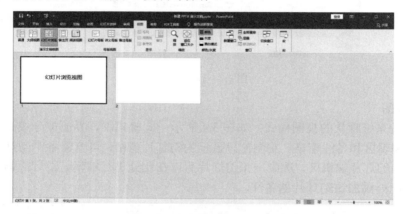

图 3.6　幻灯片浏览视图

4. 备注页视图

备注页视图模式下幻灯片以上下结构分别显示幻灯片的内容与备注信息，如图 3.7 所示。

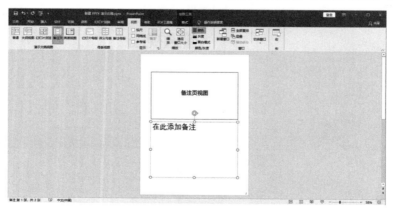

图 3.7　备注页视图

5. 阅读视图

在阅读视图模式下，幻灯片大纲窗格与备注栏将会被隐藏，只显示标题栏、状态栏与幻灯片内容，更适合幻灯片的阅读，如图 3.8 所示。

图 3.8　阅读视图

3.1.4　页面设置

PowerPoint 默认的幻灯片大小为宽屏（16∶9）尺寸，如需改变幻灯片大小，可以单击"设计"选项卡→"自定义"组→"幻灯片大小"按钮，在下拉列表中进行修改，如图 3.9 所示。其中 PowerPoint 已有的设置为标准（4∶3）与宽屏（16∶9），还可选择"自定义幻灯片大小"对幻灯片大小进行比例修改，如图 3.10 所示。

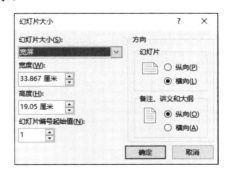

图 3.9　设置幻灯片大小　　　　图 3.10　设置"幻灯片大小"对话框

3.1.5　幻灯片的基本操作

1. 添加幻灯片

单击"开始"选项卡→"幻灯片"组→"新建幻灯片"按钮即可添加空白幻灯片，或单击其下拉列表，在"Office 主题"中选择幻灯片，如图 3.11 所示。

图 3.11　新建幻灯片

在"普通视图模式"下，可右击左侧幻灯片大纲窗格空白处，在弹出的快捷菜单中，单击"新建幻灯片"命令添加空白幻灯片。或在幻灯片大纲窗格选择某一幻灯片，按[Enter]键在选中的幻灯片下方快速添加新的空白幻灯片。

2．删除幻灯片

在修改幻灯片的过程中会遇到需要删除某张幻灯片的情况，删除幻灯片的方法有两种：

（1）在不需要的幻灯片缩略图上右击，在弹出的快捷菜单中选择"删除幻灯片"命令；

（2）在幻灯片大纲区域，选中不需要的幻灯片缩略图，按[Delete]键删除。

3．放映幻灯片

完成演示文稿的制作后，可在右下角的视图按钮右边单击"幻灯片放映"按钮，进行幻灯片的播放，如图 3.12 所示。或在"幻灯片放映"选项卡的"开始放映幻灯片"组中选择所需的放映方式，如图 3.13 所示。

图 3.12　幻灯片放映按钮

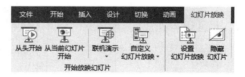

图 3.13　"开始放映幻灯片"组

3.1.6　编辑文本

1．插入文本框

文本框是一种可移动、可调节大小的图形框。单击"插入"选项卡→"文本"组→"文本框"按钮插入文本框，或在其下拉列表中选择横排或竖排文本框，如图 3.14 所示。

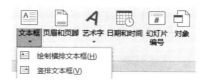

图 3.14　"文本框"按钮

2. 设置文本样式

在演示文稿中，适当的使用不同的字体可以有效地突出重点，使幻灯片的结构层次更加清晰。在"开始"选项卡的"字体"组中可对字体进行设置，如图 3.15 所示。单击右下角的扩展按钮，可以弹出"字体"对话框，进行字体设置，如图 3.16 所示。

图 3.15　"字体"组

图 3.16　"字体"对话框

3. 设置段落

选中需要设置的文本，可在"开始"选项卡的"段落"组中进行段落的设置，如图 3.17 所示。或者单击"段落"组的扩展按钮，在弹出"段落"对话框中进行段落设置，如图 3.18 所示。与 Word 2019 相似，在"段落"组中可以进行"项目符号"与"编号"的设置与应用。

图 3.17　"段落"组

图 3.18　"段落"对话框

3.1.7　插入图片与形状

在演示文稿中，往往需要加入相对应的图片或所需的图形形状来对文稿内容进行优化。单击"插入"选项卡→"图像"组→"图片"按钮来插入图片，单击"插入"选项卡→"插图"组→"形状"按钮来插入所需的图形形状，如图 3.19 所示。

图 3.19　"图像"组与"插图"组

3.1.8　设置图片

成功插入一张图片之后，选中该图片，可在"图片工具"下的"格式"选项卡中对图片样式进行设置，如图 3.20 所示。

在"调整"组中可对图片背景、图片亮度、图片艺术效果进行设置，如图 3.21 所示。

图 3.20　"图片工具"选项卡　　　　　　图 3.21　"调整"组

在"图片样式"组中可对图片进行效果设置，如图 3.22 和图 3.23 所示。

图 3.22　"图片样式"组　　　　　　图 3.23　图片效果设置

在"图片样式"组中单击扩展按钮可以弹出"设置图片格式"菜单，进行更详细的设置，如图 3.24～图 3.27 所示。

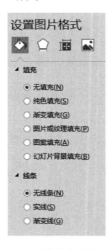

图 3.24　设置图片填充与线条　　　　　　图 3.25　设置图片效果

图 3.26　设置图片大小与位置　　　　图 3.27　设置图片

3.1.9　设置形状格式

　　成功插入一个形状之后，选中形状，在"绘图工具"→"格式"选项卡中可对形状进行各类设置。"插入形状"组可继续插入形状、编辑形状或在形状内插入文本框。同时选中两个形状可在"插入形状"功能区进行"合并形状"，在"合并形状"下拉列表中可选择不同的合并方式，如图 3.28 所示。

　　在"形状样式"组中可对形状的填充颜色或形状边框或形状效果进行设置。也可单击"形状样式"组右下角"扩展按钮"，弹出"设置形状格式"菜单进行设置，如图 3.29 所示。

　　"艺术字样式"组中可以对添加至形状内的字体进行设置，或者单击组中右下角的扩展按钮弹出"设置形状格式"进行"文本选项"设置，如图 3.30 所示。

图 3.28　"合并形状"按钮　　　图 3.29　设置形状格式　　　图 3.30　设置"文本选项"

3.1.10　设置排列

　　当演示文稿中含有丰富的各类元素时，适当的排版会让幻灯片更加美观，用户可以调整各个元素的"排列"与"图层"来达到这一效果。"排列"可以让元素与幻灯片整体进行位置调整与对齐或使元素与元素之间对齐。"组合"可以将多个元素组合成一个整体，可以更方便地对整体进行操作从而减少不必要的操作步骤。而"图层"则决定各个元素的前后关系，例如上一层的图片与下一层的图片叠放在一起，上一层的图片会覆盖下一层的图片。

1.　对齐

　　选中一个元素，可在对应的"格式"选项卡中调整其对齐方式。如选中图片，单击"图片工具"→"格式"选项卡→"排列"组，可在"对齐"按钮的下拉列表中选择对齐方式，如

图 3.31 所示，此时的对齐是图片相对于整张幻灯片进行的对齐设置。若选中两张图片，即可在"排列"功能区选择两个图片所需的对齐方式。

2. 旋转

选中一个元素，可在对应的"格式"选项卡中调整其旋转角度。如选中图片，单击"图片工具"→"格式"选项卡→"排列"组，可在"旋转"按钮的下拉列表中选择旋转方式，如图 3.32 所示。

图 3.31 "对齐"按钮

图 3.32 "旋转"按钮

3. 组合

选中两个或多个元素，可在其对应的"格式"选项卡中进行组合或者解除组合。进行组合的两个元素将被视为一个整体，进行整体操作，如移动、缩放等。如选中两个形状，单击"绘图工具"→"格式"选项卡→"排列"组，可在"组合"按钮的下拉列表中选择组合，组合两个形状，如图 3.33 所示。或选中已成组合的元素，在"组合"下拉列表中取消组合。

4. 图层移动

选中一个元素，可在对应的"格式"选项卡内改变其层级。如选中图片，单击"图片工具"→"格式"选项卡→"排列"组，可在"上移一层"或"下移一层"或其下拉列表中进行图片图层的移动，如图 3.34 所示。在"排列"中单击"选择窗格"可以在右侧打开选择窗格，如图 3.35 所示，可轻松地选中对象元素并改变其顺序与可视性。

图 3.33 "组合"按钮

图 3.34 图层移动按钮

图 3.35 "选择"窗格菜单

3.1.11 设置背景格式

默认的幻灯片背景是空白的，而契合主题的幻灯片大小与背景能让幻灯片观感更佳。在"设计"选项卡的"自定义"组中，单击"设置背景格式"打开"背景格式"窗格，如图 3.36 所示，可对幻灯片的背景进行设置。"背景格式"窗格中，"纯色填充"可对幻灯片进行纯色的背景填充；"渐变填充"可在预设选项中选择应用渐变填充方案；"图片或纹理填充"可以选择图片或纹理进行背景填充；"图案填充"可选择图案进行背景填充。单击菜单下方"应用到全部"可将背景设置应用于全部幻灯片。

图3.36　"设置背景格式"菜单

3.1.12　应用主题模板

PowerPoint 2019 中包含一系列的主题设计。主题内包括已设置好的主题颜色、主题字体、主题效果（包括框线与填充效果等）。通过选择已有主题可快速设置整个演示文稿的样式。

在"设计"选项卡的"主题"组中可选择已有的主题样式，如图 3.37 所示；在"变体"组中可改变主题的样式，如图 3.38 所示。

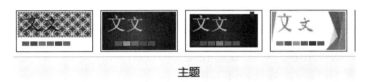

图3.37　"主题"组

图3.38　"变体"组

⊙ 任务演练——制作人脸识别产品介绍

公司为了满足新兴的业务需求，计划利用人脸识别技术对原有产品进行升级改进，提高公司产品的竞争力。小傅所在的团队承担了新产品的市场调研工作，由他负责收集人脸识别技术及其应用领域的相关材料，并汇总成一张幻灯片。一张幻灯片能展示的内容非常有限，小傅选取了数码相机、门禁系统、娱

任务演练

乐应用等典型应用领域做了简要分析，效果如图 3.39 所示：

图 3.39　"人脸识别产品介绍"效果图

1．设置幻灯片背景

单击"设计"选项卡→"自定义"组→"设置背景格式"按钮，选择"填充"→"渐变填充"；"类型"选择"射线"，"方向"选择"从中心"，"颜色"选择"标准色"→"浅蓝"（或其他合适颜色）。

2．插入背景图形

单击"插入"选项卡→"插图"组→"形状"按钮插入一个圆形用作背景（按住[Shift]再绘制圆形可绘制正圆，同理绘制三角形按住[Shift]可绘制等边三角形）。

选中圆形，右击，在弹出的快捷菜单中选择"大小和位置"命令，在弹出的"设置形状格式"窗格中设置高度与宽度皆为 30 厘米，设置填充颜色为白色，设置轮廓样式为"无轮廓"。

选中圆形，依次单击"绘图工具"→"格式"选项卡→"排列"组→"对齐"按钮进行一次"垂直居中"与一次"水平居中"，让圆心处于幻灯片中心。单击"排列"组→"下移一层"下拉列表，选择"置于底层"，效果如图 3.40 所示。

图 3.40　背景图形

3．插入标题图形与内容

单击"插入"选项卡→"插图"组→"形状"按钮→"矩形"，绘制一个矩形。设置矩形的填充颜色为蓝色，调整高度宽度为 1.7 厘米，无轮廓；选择矩形，右击弹出快捷菜单，选择"编辑文字"命令，输入"01"为小标题调整其字号为 18。

插入形状"图文框"，设置其颜色为"蓝色，个性色，淡色 80%"，设置高度、宽度均为 1.7 厘米。

将图文框图层下移一层，并移动至矩形右下方。选中两个图形后，单击"绘图工具"→"格式"选项卡→"排列"组中选择"组合"将其合成一个整体。在组合右下方合适位置插入文本框，输入相应的文字，设置小标题"数码相机："等内容的字体为"微软雅黑"，字号为"20"，加粗；文字内容的字体设置为"微软雅黑"，字号为"16"；并在小标题与正文中间使用空格隔开选中文本框与标题的形状组合，再进行一次组合。

复制 3 个该组合，将对应的文字内容进行修改，使用对齐功能进行对齐排列，完成效果如图 3.41 所示。

图 3.41 "标题图形与内容"效果图

4. 设置标题

插入"形状"横线，依次单击"绘制工具"→"格式"功能区→"形状样式"组→"形状轮廓"下拉列表，在"粗细"中调整其粗细为 3 磅，之后设置颜色为蓝色，设置"对齐"水平居中。

插入文本框，输入标题文字，设置字体为"微软雅黑"，字号为"32"，加粗，选中文本框并将其设置为水平居中。

调整标题的垂直位置，参考图 3.39"人脸识别产品介绍"效果图。

🔘 任务拓展——制作人工智能研讨会海报

完成调研材料后，小组需要和市场部、技术部相关负责人及合作单位的专家开展一次研讨会，展示前期调研的结果，讨论产品升级换代的可行性。组长要求小傅制作一张幻灯片作为会议背景，会议背景中需要包含人工智能的元素及相关的会议信息，效果如图 3.42 所示。

任务拓展

图 3.42 "制作人工智能研讨会海报"效果图

1. 设置幻灯片背景

依次单击"插入"选项卡→"图像"组→"图片"→"插入图片来自此设备"→选择海报背景图，如图 3.43 所示。

图 3.43　插入背景图

选中图片，单击"图片工具"→"格式"选项卡→"排列"组→"旋转"按钮→"水平翻转"，将图片翻转。

"插入"→"流程图"→"手动输入"，填充色为白色，形状轮廓为"无轮廓"；右击梯形弹出快捷菜单，选择"编辑顶点"命令，拉动顶点进行调整；调整梯形大小与位置，并使梯形右侧边线与图片右侧对齐。

"插入"→"基本形状"→"圆形"，颜色为个性色 1，复制多个相互叠加，并调整圆形大小（部分半圆或者其他圆弧可用矩形和圆形合并相交部分得到），效果如图 3.44 所示。

图 3.44　"设置背景"效果图

2. 制作标题

在右侧空白处选择适当位置输入标题文字。

依次单击"插入"选项卡→"文本"组→"文本框"，调整文本框中的文字大小；字体皆为"微软雅黑"，"人工智能调研报告会"字号为"28"、加粗；英文标题字号为"16"、加粗；"汇报人…"字号为"18"。

插入矩形，参考效果图如图 3.42 "制作人工智能研讨会海报"调整矩形形状，拖曳至标题下方作横线，填充颜色设置为"深蓝"，轮廓颜色为无轮廓。

➡ 任务巩固——制作团队介绍演示文稿

在完成了此次报告后，小傅所在的团队还需要制作一份演示文稿对其成员进行介绍，制作演示文稿的任务交给了小傅。他决定选取已有的主题模板，选择一个变体进行团队介绍演示文稿的制作，效果如图 3.45 所示。

任务巩固

图 3.45　"制作团队介绍演示文稿"效果图

任务 2　制作产品市场调研和产品介绍演示文稿

➡ 任务目标

❖ 了解幻灯片中的自定义动画的概念
❖ 掌握幻灯片中 SmartArt 的作用
❖ 掌握幻灯片中多媒体、图表的插入方法
❖ 能够插入多媒体元素和图表元素
❖ 能够为幻灯片中的元素添加进入、强调、退出、路径效果
❖ 能够插入 SmartArt 并设置层级

➡ 任务场景

在公司的各类会议上，往往需要用更加直观、生动的方法展示工作的情况或者结果，比如表格、图表、SmartArt、多媒体等形式。其中演示文稿中的自定义动画是经常会使用到的功能，它能更有逻辑地表达我们的想法。

为了更好地推广公司研发的城市视频监控运维平台，公司要求小傅所在小组进行一次营销策划。为此，公司市场部对城市视频监控运维平台做了深入的市场调研，整理出售前市场调研报告演示文稿，用于向公司领导汇报当前人脸识别系统的市场情况。团队还需要制作一份平台的介绍演示文稿，便于销售经理在营销过程中使用。

➡ 任务准备

任务准备

3.2.1　插入表格

如果需要在演示文稿中直观地展现有规律的数据，可以使用表格来完成。

1. 在幻灯片中插入表格

占位符是一种带有虚线或阴影线边缘的框，是一种用于提示如何在幻灯片中添加内容的符号，只在编辑状态下显示，在幻灯片放映模式下不显示。插入新幻灯片后单击文本占位符中的"插入表格"按钮，如图 3.46 所示，输入"行数"和"列数"并进行微调，然后单击"确定"按钮，或者进入"插入"选项卡，单击

图 3.46　"插入表格"占位符

"表格"按钮，根据需要插入表格。

> 小技巧：在单元格内输入文字后，按[Tab]键进入下一个单元格；按[Shift+Tab]键回到上一个单元格。

2. 修改表格结构布局

对于已创建的表格，用户可以修改表格的行列结构及布局。主要在"表格工具"中的"布局"选项卡中进行操作，如图 3.47 所示。

图 3.47 "表格工具"中的"布局"选项卡

对行列的操作中，需要删除多余行时，单击"表格工具"→"布局"选项卡→"行和列"组→"删除行"选项，如图 3.48 所示，删除列和删除表格可参照操作。插入新行时，指针落于需要插入新行的单元格，单击"在上方插入"或"在下方插入"按钮，插入新列可参照操作。

合并单元格时，选中目标单元格，依次单击"表格工具"→"布局"选项卡→"合并"组→"合并单元格"按钮，如图 3.49 所示。拆分单元格时，单击"拆分单元格"按钮，可将大的单元格拆分成为多个小的单元格。

当需要设置单元格内各行高度平均分布时，可以选中目标行，单击"单元格大小"组中的"分布行"按钮，如图 3.50 所示。等距分布列可参照操作。

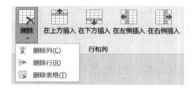   

图 3.48 "行和列"组　　　　图 3.49 "合并"组　　　　图 3.50 "单元格大小"组

3. 设计表格样式

为了丰富表格的样式，还要对表格进行样式的设置。如设置单元格或整个表格的边框和底纹等。主要在"表格工具"中的"设计"选项卡中进行操作，如图 3.51 所示。

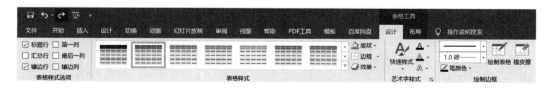

图 3.51 "表格工具"中的"设计"选项卡

快速设置表格样式可以选中要设置格式的表格，单击"表格工具"→"设计"选项卡→"表格样式"组→"其他"按钮 ，弹出"表格样式"下拉选项，如图 3.52 所示，可快速设置表格样式。

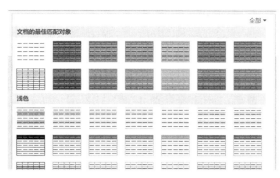

图 3.52　"表格样式"下拉选项

个性化地设置表格底纹、边框和效果，可以单击"表格样式"组中"底纹""边框"和"效果"按钮，选择对应下拉选项中的选项，对表格进行设置。

3.2.2　插入 SmartArt 图形

SmartArt 图形可以将文字转化为图形的形式，可快速、准确、直观地传递信息。如需要在演示文稿中添加流程图、组织架构等，可以插入 SmartArt 图形。

1. 插入 SmartArt 图形

单击"插入"选项卡→"插图"组→"SmartArt"按钮，如图 3.53 所示，在弹出的对话框中选择所需图形，如图 3.54 所示，其中包含"列表""流程""循环""层次结构""关系""矩阵""棱锥图""图片"分类，选择分类下的图形，单击"确定"按钮，即可生成所需图形。

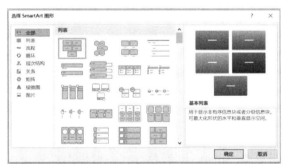

图 3.53　"SmartArt"按钮　　　　图 3.54　"选择 SmartArt 图形"对话框

对于已有层次结构的文本，如图 3.55 所示，可以直接转换为 SmartArt，选中对话框后，单击"开始"选项卡→"段落"组→"转换为 SmartArt"按钮，如图 3.56 所示。即可将有层次结构的文本转换为 SmartArt。

图 3.55　已有层次的文本　　　　图 3.56　"段落"组

2. 调整 SmartArt 结构

在幻灯片中生成 SmartArt 图形后，可以根据实际情况进行调整。删除形状时，选中某个形状后按[Delete]键即可；添加形状时，单击"SmartArt 工具"→"设计"选项卡，如图 3.57 所示，在"创建图形"组中单击"添加形状"下拉按钮；调整形状级别时，单击"升级"或"降级"按钮；调整形状所在位置先后顺序时，单击"上移"或"下移"按钮。

图 3.57 "设计"选项卡

如需更换 SmartArt 图形版式，可以选中图形，单击"版式"组中下拉列表进行选择即可。

另外，可以在"文本窗格"中依次输入文字，如图 3.58 所示。在文本窗格输入文字时，按[Tab]键可使某栏降级，按[Backspace]键可使某栏升级，按[Enter]键可以添加新的形状。

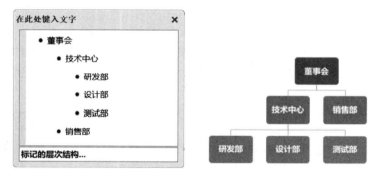

图 3.58 文本窗格

3. 设置 SmartArt 样式

如需更改 SmartArt 颜色样式，可单击"SmartArt 工具"→"设计"选项卡→"SmartArt 样式"组，如图 3.59 所示，选择恰当的外观样式，或单击"更改颜色"下拉按钮，在下拉列表中选择更多样式效果。

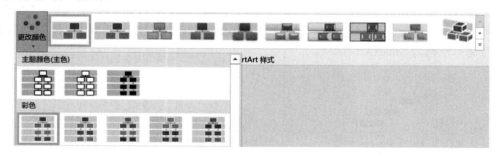

图 3.59 "SmartArt 样式"组

3.2.3 创建图表

图表是一种以图形显示的方式表达数据的方法。用图表来表示数据，可以使数据更容易理解。在默认情况下，创建图表后需要在关联的 Excel 数据表中输入图表所需数据。如果事先已有 Excel 格式的数据表，可打开相应工作簿，并选择所需数据区域，将其添加到 PowerPoint 图表对应的数据表中。

创建图表的步骤如下：

（1）在插入新幻灯片后单击文本占位符中的"插入图表"按钮，或单击"插入"选项卡→"插图"组→"图表"按钮，如图 3.60 所示，打开"插入图表"对话框，如图 3.61 所示，选择所需图表，单击"确定"按钮。

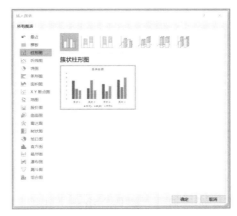

图 3.60"图表"按钮　　　　图 3.61 "插入图表"对话框

（2）自动启动关联的 Excel 数据，用户可在工作表的单元格内输入数据，图表自动更新。

（3）单击 Excel 窗口的"关闭"按钮。

（4）选中图表，单击"图表工具"→"设计"选项卡→"图表布局"和"图表样式"组，可快速设置图表的格式，如图 3.62 所示。进入"数据"组对数据进行编辑。单击"更改图表类型"按钮，在弹出的"更改图表类型"对话框中可更改图表的类型。

图 3.62 "设计"选项卡

3.2.4 插入多媒体

在演示文稿中添加声音、视频能够吸引观众的注意力和增加新鲜感。但是要注意添加的声音、视频文件数量，以防喧宾夺主。

1. 插入音频

单击"插入"选项卡→"媒体"组→"音频"下拉按钮，在下拉列表中选择"PC 上的音频"选项，选择准备好的音频文件，单击"插入"按钮，这时呈现出 🔊 图形，即代表音频插入成功。

插入音频后，选中 图形会出现"音频工具"选项卡，如图 3.63 所示。在"播放"选项卡中可以对音频进行编辑。例如在"编辑"组设置剪裁音频，设置淡化持续时间，在"音频选项"组的"开始"下拉列表中设置"按照单击顺序""自动"或"单击时"，再根据需要勾选其他选项，如图 3.64 和图 3.65 所示。

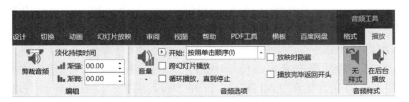

图 3.63　"播放"选项卡

图 3.64　"剪裁音频"对话框

图 3.65　"开始"选项下拉列表

2．插入视频

单击"插入"选项卡→"媒体"组→"视频"按钮，在下拉列表中选择"此设备选项"，或者在插入新幻灯片后单击占位符中的"插入视频文件"按钮，然后选中准备好的视频文件，单击"插入"按钮，此时文本编辑区会出现插入的视频。

插入视频后，选中视频会出现"视频工具"→"格式"选项卡，如图 3.66 所示，利用该操作可以对视频形状、视频边框、视频效果进行设置。

图 3.66　"格式"选项卡部分

在"播放"选项卡中可以对视频进行编辑，例如在"编辑"组剪裁视频、设置淡化持续时间，在"视频选项"组中设置"开始"选项如"按照单击顺序""自动"或"单击时"，再根据需要选中其他复选框。在"字幕选项"组中插入字幕，如图 3.67 所示。

图 3.67　"播放"选项卡

3.2.5 设置幻灯片动画

动画是可以添加到文本或其他对象的特殊视听效果。自定义动画适合应用于幻灯片内插入的文本框、图片、表格和艺术字等难以区别层次的对象，使用自定义动画可以方便地调整对象的显示顺序，设置对象的动画效果，并预览动画效果。

1. 添加动画效果

在 PowerPoint 2019 中主要利用"动画"选项卡来添加和设置动画效果，动画效果主要有"进入""强调""退出""动作路径"等类型。

"进入"动画是 PowerPoint 2019 中应用最多的动画类型，常用于设置幻灯片对象（文本、图片、声音、图像等）进入放映画面的动画效果。

"强调"动画是为已显示的幻灯片对象设置强调效果。

"退出"动画是"进入"动画的逆过程，用于设置幻灯片对象离开放映画面的动画效果。

"动作路径"动画是实现指定对象按照系统自带或用户绘制的路径进行运动。

（1）添加动画。添加动画效果的操作步骤如下：选择需要设置的对象，单击"动画"选项卡→"动画"组→"其他"按钮⚐，如图 3.68 所示，在下拉列表中的各个动画分类中选择所需动画。也可以单击该选项卡"高级动画"组中的"添加动画"下拉按钮，在下拉菜单中选择操作。如果想使用更多的效果，可以选择相应命令，如"更多进入效果""更多强调效果""更多退出效果"和"其他动作路径"。

图 3.68 "动画"列表

（2）编辑动画。动画效果设置好后，还可以对动画方向、运动方式、顺序、声音、动画长度等内容进行编辑，让动画效果更加符合演示文稿的意图。有些动画可以改变方向，每种动画对应的效果各不相同，选中已设置效果的幻灯片对象，在"动画"选项卡的"动画"组，单击"效果选项"下拉按钮，在下拉列表中选择所需动画效果，如图 3.69 所示。

可为同一对象添加多种动画：选中幻灯片对象，单击"动画"选项卡→"高级动画"组→"添加动画"按钮，根据需要添加所需动画效果即可。

对多个对象添加同一种动画，可以使用"动画刷"按钮 ★。它的用法与"格式刷"类似，主要用于动画效果的复制粘贴。选中被设置动画的对象，在"动画"选项卡的"高级动画"组，单击或双击"动画刷（单击后粘贴一次即复原，双击后可以粘贴至多个对象），将变为刷子形状的光标移动至需要设置的对象后单击，即可得到粘贴效果。

2. 对动画进行进一步管理

（1）使用动画窗格对动画进行管理。动画窗格中包含本页幻灯片内所有的动画效果，用户可以使用动画窗格对已设置动画效果的动画进行管理，如选择、删除动画效果，调整动画效果的播放顺序等，如图 3.70 所示。

图 3.69　设置"效果选项"　　　　　图 3.70　"动画窗格"窗格

调整动画播放顺序：选择要调整的动画效果，单击 ▲▼ 按钮或者选择要调整的动画效果，按住鼠标左键拖动。

删除动画效果：在动画窗格中右击要删除的效果，在弹出的快捷菜单中单击"删除"按钮即可。

（2）使用"计时"组对动画进行管理。切换至"动画"选项卡的"计时"组，其中"开始"下拉列表用于设置动画开始的时间，内含"单击时""与上一项动画同时""上一动画之后"；"持续时间"微调按钮用于设置动画持续的时间；"延迟"微调按钮用于设置动画开始前的时间；在"对动画重新排序"中可以在动画窗格中选中特定动画效果，单击"向前移动"或"向后移动"按钮，进行动画顺序的调整如图 3.71 所示。

图 3.71　"计时"组

3. 使用触发器实现交互动画

PPT 触发器是 PowerPoint 中的一项功能，它可以是一个图片、文字、段落、文本框（对象 2）等，单击触发器会触发一个操作，操作对象可以是多媒体、动画（对象 1）等。

设置要执行的操作，如动画效果，可以右击动画窗格中已经被设置效果的"对象 1"，单击"计时"按钮，在弹出的"计时"选项卡中，单击"触发器"下拉按钮选择"单击下列对象时启动动画效果"单选按钮，在下拉列表中选择需要触发动画的"图示 2"，如图 3.72 所示。

图 3.72　"计时"选项卡

任务演练——制作售前调研报告

任务要求

任务演练　　任务效果

为了做好城市视频监控运维平台，小傅所在团队先进行了一次全面的市场调研。现在，需要小傅根据调研结果制作一份"售前调研报告"演示文稿，用于介绍当前城市视频监控运维平台的市场情况，如：公司组织架构图、城市视频监控运维平台渗透率、竞品分析、产品开发时间关键点、可行性分析等。

"售前调研报告"效果图，如图 3.73 所示。

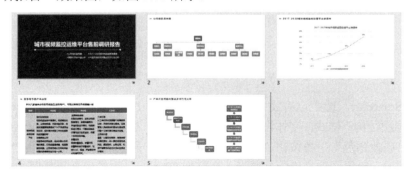

图 3.73　"售前调研报告"效果图

实施思路

准备好素材文件："封面背景.jpg"，"售前调研报告—纯文字.pptx"。

1．制作封面幻灯片

（1）设置主题与封面背景。单击"设计"选项卡→"变体"组→"其他"按钮，设置"颜色"为"蓝绿色"，设置背景图片为"封面背景.jpg"。

（2）进行文字排版。选中标题"城市视频监控运维平台售前调研报告"，设置字体为"宋体"、效果为"阴影"、字号为"48"、字形为"加粗"、字体颜色为"白色"；为"公司组织架构图"等副标题插入箭头标记，单击"开始"选项卡→"段落"组→"项目符号"下拉按钮，在下拉列表中选择"箭头项目符号"，字体为"宋体"、字号为"16"、字体颜色为"白色"，封面按效果图进行排版。

（3）为副标题文本框设置动画。同时选中四个副标题文本框，单击"动画"选项卡→"动画"组中的动画样式库，选择"切入"动画样式，效果选项为"自顶部"，在"计时"组中的"开始"下拉列表框中选择"上一动画之后"，或者单击"高级动画"组→"动画窗格"按钮，在动画窗格中对此动画进行设置，右击动画对象，选择"从上一项之后开始"选项，动画顺序如图 3.74 所示。

图 3.74　封面幻灯片"动画窗格"

2. 制作 SmartArt 页

（1）设置标题样式。首先插入箭头形状，单击"插入"选项卡→"形状"下拉列表→"箭头汇总"栏的"箭头：V 形"，如图 3.75 所示，插入 3 个箭头设置形状轮廓和形状填充为"深蓝"色，对插入 3 个箭头按效果图进行排版并组合。设置"公司组织架构图"为"宋体、18号、加粗、蓝色"。箭头组合与标题文字设置对齐方式为"垂直居中"对齐方式，标题效果如图 3.76 所示。

图 3.75　箭头：V 形　　　　　　　图 3.76　标题效果图

（2）插入 SmartArt。选中已有文本框，单击"开始"选项卡→"转换为 SmartArt"按钮，选择"标记的层次结构"样式，字体设置为"宋体、16 号、加粗"；单击"SmartArt 工具"→"设计"选项卡→"更改颜色"下拉按钮，选择"彩色"栏的"彩色-个性色"；单击"SmartArt 工具"→"格式"选项卡，设置图形高度为 8 厘米、宽度为 30 厘米，本阶段效果如图 3.77 所示。

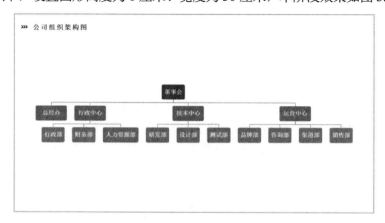

图 3.77　"SmartArt"效果图

（3）设置动画效果。设置箭头组合的"进入"动画效果为"飞入"，效果选项为"自左侧"选项，单击"效果选项"下拉按钮中的"自左侧"选项，如图 3.78 所示，开始选项为"与上一动画同时"；设置"公司组织架构图"标题"进入"动画为"挥鞭式"，开始选项为"上一动画之后"选项；设置 SmartArt 进入动画为"擦除"动画样式，效果选项为"自顶部"及"一次级别"选项，为各级别设置开始选项为"上一动画之后"选项。

图 3.78 "飞入"效果选项

3. 制作图表页

（1）设置标题样式。将前一页的箭头组合复制到本页使用格式刷和动画刷，复制前一页标题的格式和样式。

（2）插入图表。单击"插入"选项卡→"插图"组→"图表"按钮，在"插入图表"对话框中选择"折线图"，在出现的表格（见图 3.79）中右击 C、D 列，在弹出的快捷菜单中，单击"删除"命令，将"系列 1"改名为"2017—2020 年城市视频监控运维平台渗透率"，"类别1""类别 2""类别 3""类别 4"分别改为 2017、2018、2019、2020，对应的数据改为 6%、15%、30%、50%，填入后的数据如图 3.80 所示，可见折线图会根据数据发生变化。

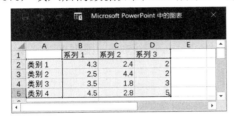

图 3.79 PPT 关联 Excel 数据表

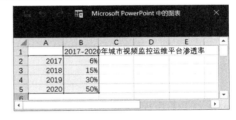

图 3.80 数据填入后的数据表

选中图表后，设置字体为"宋体"，在"+"号下选择图表元素，如图 3.81 所示。并添加一个"进入"动画效果，最终效果如图 3.82 所示。

图 3.81 图表元素

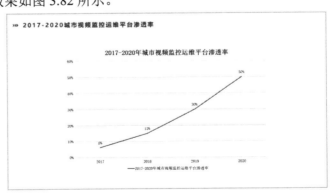

图 3.82 "图表页"效果图

4．制作表格页

（1）设置标题样式。将前一页的箭头组合复制到本页，使用格式刷和动画刷，复制前一页幻灯片中标题的格式和样式。

（2）设置表格样式。单击"表格工具"→"设计"选项卡→"表格样式"下拉按钮，选择"中等色"栏中的"中度样式 2-强调 1"样式，如图 3.83 所示，并添加一个进入动画效果。最终效果如图 3.84 所示。

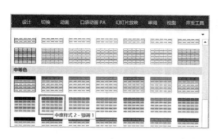

图 3.83　表格样式选择

图 3.84　"表格页"效果图

5．制作综合页面

（1）设置标题样式。将前一页的箭头组合复制到本页，使用格式刷和动画刷，复制前一页幻灯片中标题的格式和样式。

（2）插入 SmartArt。选择左侧文本框，单击"开始"选项卡→"段落"组→"转换为 SmartArt"下拉按钮→"其他 SmartArt 图形"按钮，在"选择 SmartArt"对话框中选择"步骤下移流程"。添加"进入"动画为"擦除"，效果选项为"自顶部"，开始为"上一动画之后"，使其在幻灯片标题出现后自动出现；选择右侧文本框，单击"转换为 SmartArt"按钮选择"垂直流程"，添加"进入"动画为"浮入"，效果为"作为一个对象、上浮"选项。根据效果图设置样式，最终效果如图 3.85 所示。

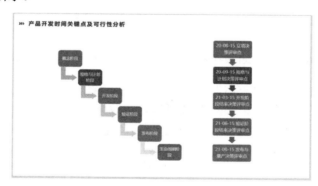

图 3.85　SmartArt 插入后效果图

（3）进一步设置动画效果。选中左侧的步骤下移流程图，单击"动画"选项卡→"高级动画"组→"添加动画"按钮，选择"动作路径"动画为"直线"，然后将出现的路径终点（红点）拖动至左侧，如图 3.86 所示。

在动画窗格中右击此动画效果，选择"效果选项"，设置计时为"期间""快速"。再次选中此步骤下移流程图，单击"添加动画"按钮，设置"强调"动画为"放大/缩小"，打开"效果选项"对话框，选择设置"尺寸"，"尺寸"为 80%，如图 3.87 所示，打开"计时"对话框设置开始为"与上一动画同时"，期间为"快速"。

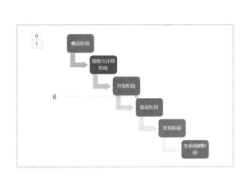

图 3.86　动作路径起始点

图 3.87　"放大/缩小"动画效果选项

为左侧步骤下移流程的进入动画设置开始选项为"从上一动画之后"，动作路径动画开始选项为"单击时"，强调动画开始选项为"与上一动画同时"。右侧垂直流程图设置开始选项为"从上一动画之后"，动画播放顺序如图 3.88 所示。

图 3.88　综合页幻灯片"动画窗格"

➔ 任务拓展——制作"城市视频监控运维平台产品介绍"演示文稿

任务要求

为方便销售经理推广公司的城市视频监控运维平台，小傅需要制作一份"城市视频监控运维平台产品介绍"演示文稿。他在演示文稿中添加了视频等多媒体素材，并配合图标进行解释，形象生动，引人入胜。

任务拓展　　任务效果

"城市视频监控运维平台产品介绍"效果如图 3.89 所示。

图 3.89　"城市视频监控运维平台产品介绍"效果图

实施思路

准备好素材文件：图片"封面背景.jpg""云朵.png""云朵 2.png"，"产品介绍演示文稿-纯文字.pptx"。

1. 制作封面幻灯片

（1）设置封面样式。设置背景图片为"封面背景.jpg"，插入图片"云朵.png""云朵 2.png"。

（2）添加动画效果。对"云朵"图片添加进入动画效果"飞入"，开始选项为"从上一项之后开始"，效果选项为"自左侧"，持续时间为 1 秒；为"云朵 2"添加进入动画效果"基本缩放"，开始选项为"从上一项之后开始"；为文本框"城市视频监控运维平台产品介绍"，添加进入动画"淡化"，开始选项为"从上一项之后开始"；为文本框"浙江省温州市×××公司"，添加进入动画"浮入"，效果选项为"下浮"开始选项为"从上一项之后开始"，持续时间 1 秒；为文本框"汇报人"添加进入动画"浮入"，开始选项为"从上一项开始"，持续时间 1 秒。播放顺序如图 3.90 所示。

图 3.90　幻灯片封面"动画窗格"

2. 制作"城市视频监控运维平台简介视频"页

（1）设置标题样式及动画。对标题及标题符号添加动画效果，设置标题符号进入动画为"飞入（自左侧）"，设置标题进入动画为"挥鞭式"，开始为"从上一项之后开始"。

（2）设置视频格式。单击"插入"选项卡→"媒体"组→"视频"选项的下拉按钮→"此设备"，插入视频，然后依次单击"视频工具"→"播放"选项卡→"开始"选项→"自动"。"视频工具"→"格式"选项卡→"视频样式"组→"居中矩形阴影"样式，效果如图 3.91 所示。

图 3.91　"视频页"效果图

3. 制作"城市视频监控运维平台功能特性"页

（1）设置标题样式。使用格式刷和动画刷，复制前一页幻灯片中标题的格式和样式。

（2）设置页面排版。插入网络图标，单击"插入"选项卡→"图标"按钮；插入流程标记，单击"插入"选项卡→"形状"→圆顶角和圆形进行组合。最后，按效果图进行排版，如图 3.92 所示。

图 3.92 页面效果图

（3）设置页面动画。从右至左对内容依次进行动画添加，流程标记进入动画为"飞入、自左侧、上一动画之后"，图标为进入动画"缩放、自对象中心、上一动画之后"，小标题进入动画为"切入、自顶部、上一动画之后"，主要文字进入动画为"切入、自底部、与上一动画同时"。

→ 任务巩固——制作"销售报告"演示文稿

团队的城市视频监控运维平台投入使用以后，每个月需要反馈市场的基本数据，小傅制作了一个"2020 年 12 月销售报告"，汇报项目情况及本部门本月的销售工作进展情况，包括销售地区分布情况、销售人员销售情况、经销商考核情况等，效果图如图 3.93 所示。

任务巩固

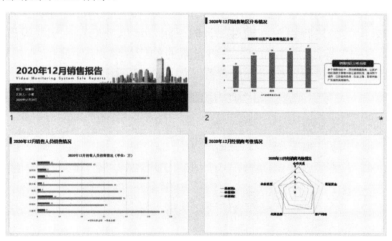

图 3.93 "2020 年 12 月销售报告"效果图

任务 3 制作交互的公司宣传册

→ 任务目标

❖ 了解幻灯片中幻灯片切换的作用
❖ 掌握幻灯片中超链接的插入方法

❖ 掌握幻灯片中的动画触发器的使用方法

🠖 任务场景

在前期的市场调研中，小傅团队发现，参与一些产品展销会有助于新产品推广，并且可以提升企业知名度。经过详细策划，公司决定参与"人工智能产品博览会"。在博览会上，除了展示公司的高新技术产品外，也要做好企业自身的宣传，并积极寻求洽谈合作的机会。

企业的宣传册可以体现一个企业的文化、发展历史、发展愿景等，项目计划书可以直观地展示企业的各种业务，更能渲染出企业的实力。小傅所在小组需要制作一份企业电子宣传册用于博览会上的企业宣传，并且制定项目计划书便于合作洽谈。

🠖 任务准备

任务准备

3.3.1 设置幻灯片切换效果

在演示文稿放映过程中，由一张幻灯片进入另一张幻灯片就是幻灯片之间的切换。为了使幻灯片放映更具有趣味性，在幻灯片切换时应使用不同的技巧和效果，PowerPoint 2019 提供了细微型、华丽型、动态内容 3 类切换效果。在幻灯片切换效果的设置中，包括切换方式、切换方向、切换声音及换片方式 4 种。

切换效果的设置方式如下：选中需要设置切换效果的幻灯片，在"切换"选项卡的"切换到此幻灯片"组选择一种切换效果，如图 3.94 所示；在设置了幻灯片切换之后，"效果选项"可以对幻灯片的效果类型进行设置；通过"计时"组，可以为幻灯片切换设置"声音""动画持续时间""换片方式"等，"应用到全部"将设置的幻灯片效果应用到所有幻灯片，如图 3.95 所示。设置完成后可以通过预览按钮进行查看，如图 3.96 所示。

图 3.94 切换选项卡

图 3.95 "计时"组

图 3.96 "预览"按钮

PowerPoint 2019 新增了"平滑"切换效果，可以实现幻灯片对象的移动、更改颜色、变换大小、淡入淡出等效果。若要有效地使用平滑切换，两张幻灯片至少需要一个共同对象。最简单的操作方法就是复制幻灯片，然后将第二张幻灯片上的对象移到其他位置，或复制一张幻灯片中的对象，将它粘贴到另一张幻灯片上，接着再对第二张幻灯片应用"平滑"切换。例如，上一个任务中做的"产品开发时间关键点及可行性分析"幻灯片中对象的动作路径动画就可以用"平滑"效果替代，第一张幻灯片排版如图 3.97 所示，第二张幻灯片排版如图 3.98 所示，对第二张幻灯片添加"平滑"切换效果即可。

图 3.97　第一张幻灯片效果

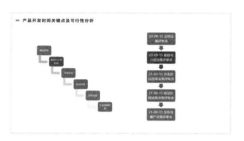

图 3.98　设置"切换"效果后的第二张幻灯片效果

3.3.2　设置超链接

超链接可以实现幻灯片中一个对象链接到网页、新文档或现有文档中的某个位置，也可以开始向电子邮件地址发送邮件。超链接本身可以是文本或对象，如文本框、图片、图形、形状或艺术字。

1. 设置超链接

操作步骤如下：选中要设置超链接的元素，单击"插入"选项卡→"链接"组→"链接"按钮，选择链接对象。

超链接对话框包含 4 个"链接到"的对象：

（1）现有文件或网页：可选择要链接到的文件或 Web 页面的地址。通过"当前文件夹""浏览过的网页"和"最近使用过的文件"按钮，从文件列表中选择所需链接的文件；在地址栏中输入完整的网页地址。

（2）本文档中的位置：可链接到文档中的某张幻灯片，如图 3.99 所示。

图 3.99　"插入超链接"对话框

（3）新建文档：可在"新建文档名称"文本框中输入新建文档的名称。单击"更改"按钮，设置新文档所处的文件路径，然后在"何时编辑"中设置是否立即开始编辑新文档。

（4）电子邮件地址：可在"电子邮件地址"文本框中输入要链接的邮件地址，在"主题"文本框中输入邮件主题，即可创建一个电子邮件地址的超链接。

设置超链接之后，单击"屏幕提示"按钮，打开"设置超链接屏幕提示"对话框，将光标悬停于超链接上的提示信息，如图 3.100 所示。设置完成后会呈现出指针为手型和提示文字，如图 3.101 所示。

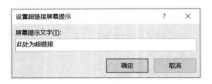
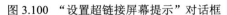

图 3.100　"设置超链接屏幕提示"对话框　　　　图 3.101　光标落于超链接时样式

2．编辑超链接

更改超链接目标时，选定已添加超链接的对象，右击并在弹出的快捷菜单中单击"编辑链接"命令或单击"插入"选项卡→"链接"组→"链接"按钮，在对话框中进行链接目标的调整即可。

3．删除超链接

在需要删除超链接关系时，选定已添加超链接的对象，右击，在弹出的快捷菜单中单击"删除链接"命令，即可。

3.3.3　修改超链接颜色

插入超链接后，系统会设置默认的"超链接"和"已访问的超链接"颜色。如果需要更改超链接颜色，先单击"设计"选项卡→"变体"组→"其他"按钮，然后单击"颜色"下拉列表底部的"自定义颜色"选项，在弹出的"新建主题颜色"对话框中执行所需的操作。若要更改超链接文本的颜色，单击"超链接"旁边的箭头，选择颜色；若要更改已访问过的超链接文本的颜色，单击"已访问的超链接"旁边的箭头，选择颜色，如图 3.102 所示。

图 3.102　"新建主题颜色"对话框

3.3.4　设置动作按钮

动作设置是对某个对象（文字、文本框、图片、形状或艺术字等）添加相关动作，使其变成一个按钮用于跳转至其他幻灯片或其他文档中。

使用"动作按钮"添加动作时，单击"插入"选项卡→"插图"组→"形状"下拉按钮，从下拉菜单中选择"动作按钮"组的动作按钮，如图 3.103 所示。要插入一个预定义大小的动作按钮，直接单击幻灯片编辑区；要插入一个自定义大小的动作按钮，可按住鼠标左键在幻灯片中拖动调整大小。动作按钮插入后会出现"操作设置"对话框，如图 3.104 所示，选择"单击鼠标"或"鼠标悬停"选项卡后，可在单选框"超链接到"的下拉列表中选择所需动作，然后在复选框中选择"播放声音"等选项。

图 3.103　"动作按钮"组　　　　　　　图 3.104　"操作设置"对话框

任务演练——制作交互的企业宣传册

任务要求

为了在博览会上展示本公司的形象,小傅利用丰富的图文素材制作了一份电子宣传册,以企业文化、企业产品为传播内容,包括扉页、目录、内页等,还添加了动画、超链接等交互的环节,使宣传文案更加生动、直接、形象。

任务演练　　　　任务效果

本任务效果如图 3.105 所示,动画效果请扫码查看。

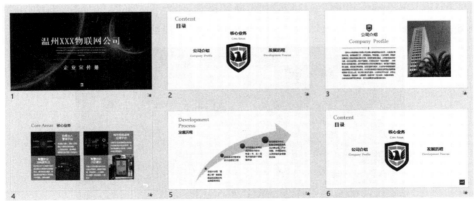

图 3.105　"企业宣传册"效果图

实施思路

准备好素材文件:"温州×××物联网公司宣传册-纯文字.pptx"。

1．制作"企业宣传册"封面

1）在背景图上方添加一层"遮罩"。

单击"插入"选项卡的"形状"按钮，在下拉列表中选择"矩形"形状，矩形大小覆盖住整个幻灯片，单击"绘图工具"→"格式"选项卡→"形状样式"扩展按钮，弹出"设置形状格式"对话框，如图 3.106 所示，选中"纯色填充"单选框，"颜色"用取色器吸取色块颜色进行填充，"透明度"设置为 50%。

图 3.106 "设置形状格式"对话框

2）为封面文字插入动画。

（1）"温州×××物联网公司"标题动画：设置"进入"动画为"缩放"，开始选项为"与上一动画同时"，实现放映即出现的效果。

（2）"介绍文字"动画：设置"进入"动画为"擦除"，"效果选项"为"自顶部"，开始选项为"上一动画之后"。

（3）"线条"组合动画：设置"进入"动画为"展开"，开始选项为"上一动画之后"。

（4）"企业宣传册"文本框动画：设置"进入"动画为"展开"，开始选项为"上一动画之后"。

3）插入动作按钮并设置"进入下一页"动作。

单击"插入"选项卡的"形状"下拉按钮，在下拉列表的"动作按钮"栏选择"前进或下一项"动作按钮，在"操作设置"对话框中选择超链接到"下一张幻灯片"。为按钮设置样式，设置动画效果为"回旋"，开始选项为"上一动画之后"。最终效果如图 3.107 所示。

图 3.107 "企业宣传册"封面效果

2．制作目录页

1）插入公司标志图片并删除背景。

插入图片"公司标志.jpg"，单击"图片工具"→"格式"选项卡→"调整"组→"颜色"下拉列表，选择"设置透明色"，如图3.108所示，鼠标移动到图片背景处，即可删除背景。

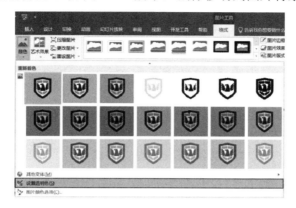

图3.108　"设置透明色"按钮

2）为目录页内的元素添加动画。

（1）"Content"文本框动画：设置"进入"动画为"飞入"，效果选项为"自左侧"，开始选项为"与上一动画同时"，实现放映即出现的效果。

（2）"目录"文本框动画：包含两个动画，设置第1个"进入"动画为"基本缩放"，效果选项为"放大"，开始选项为"上一动画之后"，设置第2个"进入"动画为"淡化"，开始选项为"与上一动画同时"。

（3）"公司标志"动画：设置"进入"动画为"形状"，效果选项为"缩小、方框"，开始选项为"上一动画之后"。

（4）3组目录文字文本框动画：设置"进入"动画为"飞入"，效果选项为"自底部"，开始选项为"上一动画之后"，最终排版效果如图3.109所示。

图3.109　"目录页"效果图

3）为目录页内各栏内容添加超链接。

选定"公司介绍"文本框组合，单击"插入"选项卡的"链接"按钮，在"插入超链接"对话框中选择"本文档中的位置"中的"幻灯片3"，单击"确定"按钮。接着设置"核心业务"文本框组合链接到"幻灯片4"，"发展历程"文本框组合链接到"幻灯片5"。

4）设置幻灯片切换效果为"涟漪"。

3. 制作"公司介绍"页

1）为幻灯片切换添加"平滑"效果。

首先从目录页中复制"公司标志"图片，右键粘贴时，选择粘贴选项为"使用目标主题"，再在"动画窗格"中删除"公司标志"已有的动画效果，最后选定"公司介绍"幻灯片，单击"切换"选项卡→"切换到此幻灯片"组→"平滑"选项。

2）为"公司介绍"页添加动画。

（1）"公司图片"动画：设置"进入"动画为"回旋"，开始选项"与上一动画同时"，实现放映即出现。

（2）"公司介绍"文本框动画：设置"进入"动画为"基本缩放"，效果选项为"放大"，开始选项为"上一动画之后"。

（3）"Company Profile"文本框动画：设置"进入"动画为"飞入"，效果选项为"自底部"，开始选项为"上一动画之后"。

（4）"线条"动画：设置"进入"动画为"劈裂"，效果选项为"左右向中央收缩"，开始选项为"上一动画之后"。

（5）"文字"文本框动画：设置"进入"动画为"淡化"，开始选项为"上一动画之后"。

3）为返回按钮添加超链接。

选定"返回"按钮，单击"插入"选项卡→"链接"按钮，在"插入超链接"对话框中选择"本文档中的位置"中的"幻灯片6"，单击"确定"按钮，最终排版效果如图3.110所示。

图3.110 "公司介绍页"效果图

4. 制作"核心业务"页

1）为"核心业务"页内元素添加动画。

（1）标题动画设置："Core Areas"文本框动画，用动画刷复制得到目录页中"Content"文本框动画效果；"核心业务"文本框动画，用动画刷复制得到"目录"动画效果。

（2）四张图片动画：同时选中四张图片，设置"进入"动画为"飞入"，效果选项为"自底部"，开始选项为"上一动画之后"。

（3）"防疫出入管理平台""城市视频监控运维平台"文本组合动画：同时选中两个组合，设置"进入"动画为"擦除"，效果选项为"自左侧"。

（4）"智慧安全充电服务站""智慧安防小区建设防疫出入管理平台"文本组合动画：同时选中两个组合，设置"进入"动画为"擦除"，效果选项为"自右侧"。

2）添加触发器动画。

右击"防疫出入管理平台"文本组合的动画，选择"计时"选项，在弹出的"计时"对话框中单击"触发器"下拉按钮，选择"单击下列对象时启动动画效果"单选框，在下拉列表中选择"防疫出入管理平台"图片，即可实现单击"防疫出入管理平台"图片后出现文本组合。"城市视频监控运维平台""智慧安全充电服务站""智慧安防小区建设防疫出入管理平台"三组文本的出现都参照以上操作进行设置。

3）复制"返回"按钮。

4）设置幻灯片切换效果为"框"，最终排版效果如图3.111所示。

图3.111 "核心业务页"效果图

5. 制作"发展历程"页

1）为"发展历程"页内元素添加动画。

（1）标题动画设置："Development Process"文本框动画，用动画刷复制得到目录页中"Content"文本框动画效果；"发展历程"文本框动画，用动画刷复制得到"目录"动画效果。

（2）"SmartArt"动画：设置"进入"动画为"擦除"，效果选项为"自左侧"，开始选项为"上一动画之后"。

2）复制"返回"按钮。

3）设置幻灯片切换效果为"剥离"，最终排版效果如图3.112所示。

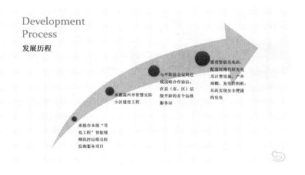

图3.112 "发展历程页"效果图

6. 设置"目录附属"页（没有动画效果的目录页）

（1）插入超链接，同目录页的操作相同。

（2）插入动作按钮并设置动作：选择"插入"选项卡的"形状"按钮，在下拉列表的"动作按钮"栏选择"空白"动作按钮，在"操作设置"对话框中选择超链接到"结束放映"，在空白按钮中编辑文字，输入"end"，排版效果如图 3.113 所示。

（3）设置幻灯片切换效果为"涟漪"。

图 3.113 "目录附属页"效果图

➔ 任务拓展——制作企业项目计划书

任务要求

在博览会上，会有诸多企业前来参观，为及时抓住随时可能出现的商机，小傅所在团队还需要制作一份项目计划书便于合作企业了解项目的落地方案以及合作方式。在制作项目计划书的时候，内容要聚焦在产品经营的可行性计划，使合作伙伴会更了解项目的整体情况及业务模型，也能让投资者判断该项目的可营利性。

任务拓展　　任务效果

"企业项目计划书"效果如图 3.114 所示，动画效果请扫码查看。

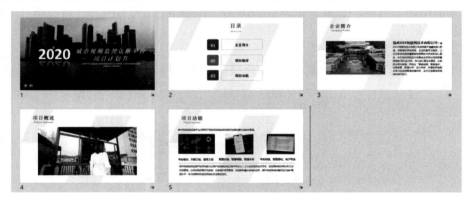

图 3.114 "企业项目计划书"效果图

实施思路

准备好素材文件："企业项目计划书-纯文字.pptx"及图片、视频素材。

1. 制作"企业项目计划书"封面页

1）为背景图上方添加一层"遮罩"。

插入"矩形"形状，矩形大小设置为覆盖住整个幻灯片，单击"绘图工具"→"格式"选项卡→"形状样式"扩展按钮，在"设置形状格式"对话框中选择"渐变填充"单选按钮，设置为"线性渐变",左侧滑杆设置颜色为"深蓝",透明度为100%,右侧滑竿设置透明度为10%,如图 3.115 所示。

图 3.115 "设置形状格式"对话框

2）为文本添加效果。

（1）选择"2020"文本框,字体颜色为"白色"选择"艺术字样式"组右下角按钮,弹出"设置形状格式"对话框,在文本选项中"映像"下拉列表中,设置透明度为50%,大小为50%,模糊为0.5磅,距离为2.4磅,如图 3.116 所示。

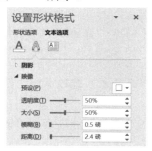

图 3.116 "文本选项"选项卡

（2）设置"城市视频监控运维平台项目计划书"文本框中文字的字号为44号,斜体,阴影;正文内容的字号为12号,斜体,封面排版效果如图 3.117 所示。

图 3.117 "企业项目计划书"封面页效果图

3）插入超链接。

选定"下一页"图形，单击"插入"选项卡的"动作"按钮，在"超链接到"的下拉列表中选择"下一张幻灯片"。

4）插入动画效果。

（1）"城市视频监控运维平台项目计划书"文本框动画：设置"进入"动画为"切入"，效果选项为"自左侧"，开始选项为"与上一动画同时"，实现放映即出现。

（2）"介绍文字"文本框动画：设置"进入"动画为"淡化"，开始选项为"上一动画之后"。

（3）"按钮"动画：同时选中两个按钮形状，设置"进入"动画为"盒状"，效果选项为"缩小"，开始选项为"上一动画之后"。

5）设置幻灯片切换效果为"涟漪"。

2. 制作目录页

1）插入标题栏的动画

6 个文本框动画：同时选中 6 个文本框，设置"进入"动画为"擦除"，效果选项为"自左侧"，开始选项为"上一动画之后"，动画排序如图 3.118 所示。

图 3.118　"目录页"动画窗格

2）为目录插入超链接。

（1）选择"企业简介"文本框→"插入"选项卡→"链接"→"本文档中的位置"→"幻灯片 3"。

（2）选择"项目概述"文本框→"插入"选项卡→"链接"→"本文档中的位置"→"幻灯片 4"。

（3）选择"项目功能"文本框→"插入"选项卡→"链接"→"本文档中的位置"→"幻灯片 5"。

3）设置幻灯片切换效果为"擦除"，最终排版效果如图 3.119 所示。

图 3.119　"目录页"效果图

3. 制作"企业简介"页

1）插入"企业图片.jpg"，并进行裁剪。

2）插入动画。

（1）"企业图片"动画：设置"进入"动画为"浮入"，效果选项为"上浮"，开始选项为"与上一动画同时"。

（2）"介绍文字"文本框动画：设置"进入"动画为"缩放"，开始选项为"上一动画之后"。

3）为返回按钮添加超链接。

选中"返回"按钮，单击"插入"选项卡→"链接"按钮→"本文档中的位置"→"幻灯片 2"。

4）设置幻灯片切换效果为"分割"，最终排版效果如图 3.120 所示。

图 3.120　"企业简介页"效果图

4. 制作"项目概述"页

1）改变视频的播放方式。

将幻灯片放映方式改为视频在幻灯片出现时同时放映，选中视频，设置动画为"播放"，将开始选项改为"与上一动画同时"。

2）设置幻灯片切换效果为"分割"。

3）复制"返回"按钮，最终排版效果如图 3.121 所示。

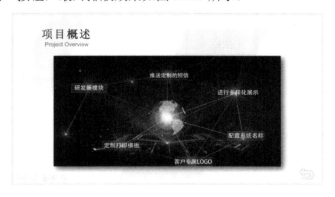

图 3.121　"项目概述页"效果图

5. 制作"项目功能"页

（1）插入三张照片，设置阴影预设为"右下"，如图 3.122 所示。

（2）复制"返回"按钮。

（3）设置幻灯片切换效果为"分割"，最终排版效果如图 3.123 所示。

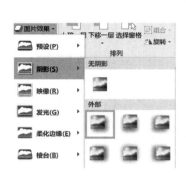

图 3.122　阴影效果下拉列表　　　　　　图 3.123　"项目功能页"效果图

🔁 任务巩固——制作投标方案

大多数国家政府机构和公用事业单位都是通过招标购买设备、材料和日用品等。投标方案是投标人应招标人的邀请，根据招标公告或投标邀请书所规定的条件，在规定的期限内制作的文档。现在项目的投标需要一份便于专家翻阅的投标书，小傅负责的部分主要是"售后服务承诺"一章，主要内容及效果，如图 3.124 所示，动画效果扫码查看。

任务巩固

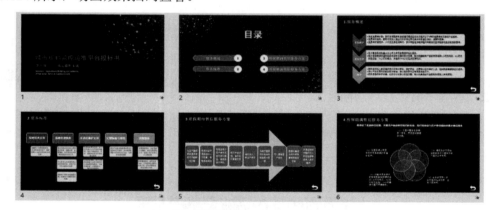

图 3.124　"城市视频监控运维平台投标书"效果图

任务 4　制作企业年会系列幻灯片

🔁 任务目标

❖ 掌握幻灯片母版的使用方法

❖ 掌握幻灯片模板的存储和使用方法

❖ 掌握幻灯片自定义放映的方法

任务场景

现代企业越来越注重企业文化的建设，而通过举办年会增进公司与员工的感情和互信，是一个有效的途径。在年会中一般会进行一年的工作回顾，总结提高并为下一年度的工作提前奠定基调。成功举办一场企业年会，要成立一个专门的临时小组来具体地负责，小傅的小组就负责年会系列幻灯片的制作。

本任务主要制作年会系列演示文稿：为年会演示文稿制作自定义的幻灯片母版，并保存和使用幻灯片模板；使用幻灯片的自定义放映制作年会画册。

任务准备

任务准备

3.4.1 设置幻灯片母版

使用幻灯片母版通常是为了满足多张幻灯片使用相同版式的情况，比如制作企业幻灯片时，每页幻灯片都会插入企业标志，为了减少不必要的重复操作可以使用母版进行设置。PowerPoint 2019 包含 3 个母版，幻灯片母版、讲义母版和备注母版，在"视图"选项卡中可以查看，如图 3.125 所示。幻灯片母版主要用于设置幻灯片风格，讲义母板用于设置讲义形式打印时的样式，备注母版用于设置幻灯片的备注格式。

1. 幻灯片母版

幻灯片母版是存储模板信息的设计模板元素，用户更改其中字型、占位符大小、位置、背景和配色方案等元素的信息后，可以实现对整个演示文稿外观的更改。版式是按照一定格式预置好的幻灯片模板。

单击"视图"选项卡的"幻灯片母版"按钮后，会出现新的"幻灯片母版"选项卡和窗格，如图 3.126 所示，其中幻灯片母版视图默认包含 1 个主母版（①）和 11 个版式母版（②）。主母版的操作会影响所有版式母版，如插入背景、标志等，版式母版的操作只对该版式的幻灯片起作用。每个母版都有多个幻灯片版式。

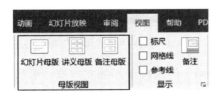

图 3.125 "视图"选项卡

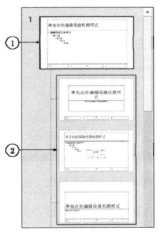

图 3.126 "幻灯片母版"视图窗格

（1）设置主母版。选中主母版后，单击"幻灯片母版"选项卡→"母板版式"组→"母版版式"按钮，如图 3.127 所示，在"母板版式"对话框中勾选主母版的占位符，如图 3.128 所示。在"编辑母版"组中选择"插入幻灯片母版"，会出现新的一组幻灯片母版及其附属的版式母版。

图 3.127 "幻灯片母版"选项卡部分截图　　　　图 3.128 "母版版式"对话框

（2）设置版式母版。需要插入新的版式时，在"幻灯片母版"选项卡的"编辑母版"组中选择"插入版式"，会出现新的版式母版。用户可以根据需要插入所需占位符，占位符类型有"内容""文本""图片""图表""表格""SmartArt""媒体"和"联机图像"，选择"母版版式"组的"插入占位符"按钮，即可在下拉列表中选择所需占位符，如图 3.129 所示。

图 3.129 "插入占位符"下拉列表

文本占位符的字体、字号、字型、颜色、对齐方式等都可使用"开始"选项卡编辑，如图 3.130 所示，此处文本占位符的文本格式已编辑。在演示文稿中应用此版式时，占位符的样式已固定，可以自由编辑占位符的内容，如图 3.131 所示。

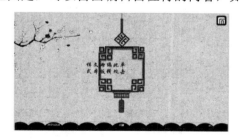

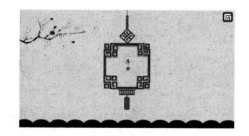

图 3.130 "版式母版"样式　　　　图 3.131 应用"版式母版"后的演示文稿样式

另外，在母版中可以通过"开始""插入""动画"等选项卡添加文本框、形状、图片、动画等元素，并进行格式的编辑，关闭母版后，在应用母版版式的演示文稿中，这些元素不能够被编辑。

（3）应用幻灯片版式。PowerPoint 默认状态下已内置有 11 个幻灯片版式，如标题幻灯片、标题图片幻灯片、标题内容幻灯片、两栏内容幻灯片等，用户可以选择与演示文稿内容最为匹配的版式，某些版式更适用于文本内容，某些版式更适用于图形内容。单击"开始"选项卡→"幻灯片"组→"新建幻灯片"下拉按钮，在下拉列表中选择任一种版式，就能将此版式应用于当前幻灯片页面，如图 3.132 所示。如果需要修改某一幻灯片页面的版式，选中此幻灯片后右击，在弹出的快捷菜单中选择"版式"命令，可在"版式"中进行选择，如图 3.133 所示。

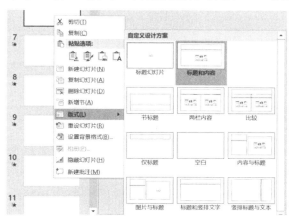

图 3.132　"版式"下拉列表　　　　　　　　图 3.133　修改版式

2．讲义母版

讲义母版是为制作讲义准备，通常需要打印输出。在母版中可以设置讲义中包含几张幻灯片，并设置页眉、页脚、页码等信息。在讲义母板中插入新的对象或更改版式时，新的页面效果不会反映在其他母版视图中。在"视图"选项卡"母版视图"组单击"讲义母版"按钮，即可进入讲义母版视图，如图 3.134 所示。

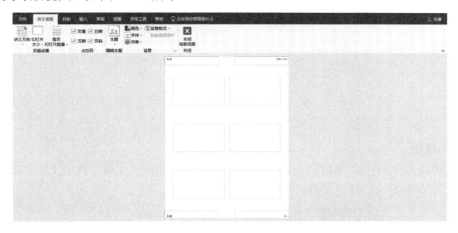

图 3.134　讲义母版视图

3．备注母版

备注母版用于设置幻灯片的备注格式。在"视图"选项卡"母版视图"组单击"备注母版"按钮，即可进入备注母版视图，如图 3.135 所示。

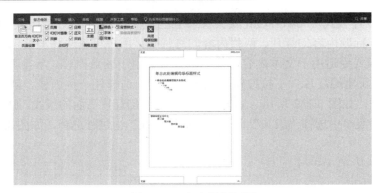

图 3.135　备注母版视图

3.4.2　保存和应用模板

幻灯片的模板是已经定义的幻灯片格式，是指一个或多个文件，其中所包含的结构和工具构成了已完成文件的样式和页面布局等元素。为了可以多次使用制作好的优秀幻灯片母版，需要将幻灯片保存成模板的形式，并在需要时使用它。

1. 保存模板

打开需要保存为模板的演示文稿，选择"文件"选项卡中的"另存为"命令，打开"另存为"对话框，修改文件名命名，选择"保存类型"为 PowerPoint 模板（.potx），使用默认路径，单击"保存"按钮。

图 3.136　"另存为"对话框

2. 应用模板

在新建的演示文稿中要使用已有的幻灯片模板，需要选择"文件"选项卡的"新建"命令，选择"个人"列表下的幻灯片模板。

图 3.137　用模板新建演示文稿

3.4.3　放映演示文稿

1．创建自定义放映

演示文稿制作完成后可以根据需求选择自定义播放。操作步骤如下：依次单击"幻灯片放映"选项卡→"开始放映幻灯片"组→"自定义幻灯片放映"下拉按钮→"自定义放映"选项，如图 3.138 所示，弹出"自定义放映"对话框，如图 3.139 所示，选择"新建"按钮，弹出"定义自定义放映"对话框，如图 3.140 所示。在"幻灯片放映名称"文本框中输入名称，勾选需要自定义放映的幻灯片，单击"添加"按钮，即可在右边列表框中看到放映的幻灯片，再次单击"自定义幻灯片放映"按钮，如图 3.141 所示，即可单击"自定义放映 1"命令播放自定义的幻灯片。

图 3.138　"自定义放映"选项

图 3.139　"自定义放映"对话框

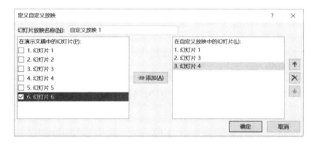

图 3.140　"定义自定义放映"对话框

图 3.141　"自定义放映 1"选项

2．设置幻灯片放映

演示文稿制作完成后，有时由演讲者播放，有时由观众自行播放，此时需要设置幻灯片放映。操作步骤如下，单击"幻灯片放映"选项卡→"设置"组→"设置幻灯片放映"按钮，弹出"设置放映方式"对话框，如图 3.142 所示。选择一种"放映类型"，如"观众自行浏览"，确定"放映幻灯片"范围，如"从'2'到'16'"，选择"放映选项"，如"循环放映，按 Esc 键终止"，单击"确定"按钮。

3．设置排练计时

（1）在"幻灯片放映"选项卡的"设置"组中单击"排练计时"按钮，如图 3.143 所示，此时幻灯片开始从头放映，并弹出"录制"窗口，如图 3.144 所示。

（2）按照讲演的顺序放映演示文稿，系统会记录放映每张幻灯片所用的时间。

（3）放映完毕后退出或者关闭"录制"窗口时，系统会提示是否保存录制时间，如果对操作满意，则单击"是"按钮，否则单击"否"按钮，重复上述步骤，直到满意为止。

（4）在"视图"选项卡中选择"幻灯片浏览"选项，即可查看每一张幻灯片播放需要的时间。

图 3.142 "设置放映方式"对话框

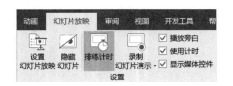

图 3.143 "排练计时"按钮

图 3.144 "录制"窗口

3.4.4 导出演示文稿

如果需要在没有安装 PowerPoint 的计算机上放映演示文稿，可以利用 PowerPoint 的打包功能，将演示文稿及其嵌入的字体、所链接的图片、声音和影片等打包到 CD 光盘（要求配备刻录机和空白 CD 刻录盘）和磁盘文件，打包后的文件需要通过下载安装 PowerPoint 播放器（PowerPointViewer.exe）才能放映，选择"文件"选项卡中的"导出"命令，单击"将演示文稿打包成 CD"按钮，如图 3.145 所示。弹出"打包成 CD"对话框，然后添加和删除幻灯片。单击"复制到文件夹"按钮，在弹出的"复制到文件夹"对话框中设定文件夹名称及存放路径，然后单击"确定"按钮。等待系统打包完成后，会在指定路径下生成一个文件夹。以后打开它，就可以在文件窗口看到自动运行的 AUTORUN.INF，如果打包到 CD 光盘上，文件会具备自动播放的功能。

图 3.145 "将演示文稿打包成 CD"按钮

另外也可以将演示文稿转换为直接放映格式，最简单的方法是直接将演示文稿另存为"PowerPoint 放映(*.ppsx)"文件。

还可以将演示文稿创建为视频，此时演示文稿以视频文件格式保存，这样可以确定自己演示文稿中的动画、旁白和多媒体内容可以顺畅播放，分发时可更加放心。在视频文件中录制的语音旁白和激光笔运动轨迹并进行计时，观看者不需要在计算机上安装 PowerPoint 即可观看。即使演示文稿中包含嵌入的视频，该视频也可以正常播放。选择"文件"选项卡中的"导出"命令，单击"创建视频"按钮，如图 3.146 所示。在右侧列表中选择"使用录制的计时和旁白"选项，单击"创建视频"按钮，弹出"另存为"对话框，保存类型含".mp4"或".wmv"，单击"保存"按钮即可。

图 3.146　"创建视频"按钮

➡ 任务演练——制作企业年会母版

任务要求

企业年会包括开场仪式、领导致辞、优秀员工颁奖、年会晚宴等，不同的环节可以使用相同风格的幻灯片，这时候使用幻灯片母版可以方便地统一幻灯片的风格，而如果希望新建幻灯片时也能使

任务演练　　任务效果

用自己制作的美观的幻灯片母版，可以将制作好的幻灯片保存成模板。小傅制作了一个年会幻灯片模板，其中包含标题页、目录页、子标题页、图片与文字页、视频页等。

本任务主要母版的效果如图 3.147 所示。

图 3.147　"企业年会母版"效果图

实施思路

准备好素材文件："背景图片.png""波浪.png""灯笼.png""梅花.png""花.emf""公司标志.png"。

单击"视图"选项卡的"幻灯片母版"按钮后，进入幻灯片母版视图。

1. 设置主母版样式

（1）设置所有版式背景。单击"幻灯片母版"选项卡→"背景"组→"背景样式"下拉列表→"设置背景格式"按钮，在"设置背景格式"对话框中选择"图片或纹理填充"单选框，单击"插入…"按钮，从文件夹中选择"页面背景.png"，即可插入背景图片。单击"幻灯片母版"选项卡→"背景"组→"颜色"下拉列表→"气流"按钮。

（2）设置所有版式底部图片。切换至"插入"选项卡，将"波浪.png"插入页面底部。

（3）设置所有字体。选中两个占位符，设置文字字体为"华文行楷"，主母版样式如图3.148所示。

图 3.148　主母版样式

2. 设置版式母版样式

1）设置"目录页"版式样式。

（1）新建幻灯片版式母版。单击"幻灯片母版"选项卡→"编辑母版"组→"插入版式"按钮，即可插入新的版式母版。

（2）插入图片并排版。插入"灯笼.png""梅花.png""花.emf""公司标志.png"等图片以及"直线"形状；设置"花.emf"及"直线"形状颜色与"灯笼"相同；选择"公司标志"图片，删除背景，单击"图片工具"→"格式"选项卡→"调整"组→"颜色"下拉按钮，选择"重新着色"栏的"红色，个性色6浅色"，如图3.149所示。

图 3.149　"目录页"版式母版排版效果

（3）插入占位符。选中新建的版式母版，单击"幻灯片母版"选项卡→"插入占位符"下拉按钮，在下拉列表中选择"文字（竖排）"按钮，修改文本为"目录"作为提示文字。接着按照相同方式插入"目录1""主要内容1""目录2""主要内容2""目录3""主要内容3"。设置"目录"字号为40号，"目录1""目录2""目录3"字号为28号，"主要内容1""主要内容2""主要内容3"字体为楷体、字号为14号。

（4）设置动画。"梅花"图片"进入"动画为"擦除"，效果选项为"自左侧"，开始选项为"上一动画之后"；"灯笼"图片"进入"动画为"浮入"，效果选项为"下浮"，开始选项为"上一动画之后"；"目录"文本框"进入"动画为"擦除"，效果选项为"自顶部"，开始选项为"上一动画之后"；"花"图片的"进入"动画为"擦除"，效果选项为"自右侧"开始选项为"上一动画之后"；"直线"形状的"进入"动画为"擦除"，效果选项为"自顶部"开始选项为"上一动画之后"；"目录1"及"主要内容1"同时设置"进入"动画为"擦除"，效果选项为"自顶部"开始选项为"与上一动画同时"。

使用动画刷依次设置目录2、目录3的部分，最终效果如图3.150所示。

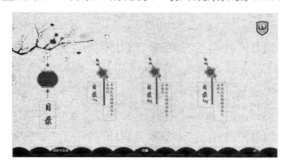

图3.150　"目录页"版式母版效果

2）设置"标题页"版式样式。

新建幻灯片版式母版，插入"梅花.png""中国结.png"及"文本"占位符，字号设置为28，复制"企业图片"至此版式母版。

设置"梅花"图片的"进入"动画为"擦除"，效果选项为"自左侧"，开始选项为"与上一动画同时"；设置"中国结"图片及文本占位符的"进入"动画为"擦除"，效果选项为"自顶部"，开始选项为"上一动画之后"。最终排版效果如图3.151所示。

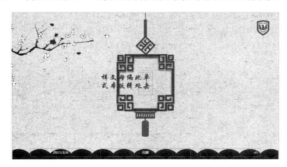

图3.151　"标题页"版式母版效果

3）设置"含图片的三等分页面"版式样式。

（1）插入"梅花.png"图片后水平翻转，插入"企业标志.png"图片位于标题文字左侧。

（2）插入占位符：插入"文本"占位符作为标题，设置字号为 36 号；插入 3 个"图片"占位符宽度为 7 厘米、高度为 6 厘米，使得 3 个"图片"占位符排列方式"垂直居中、横向分布"；插入 3 个"文本"占位符，其中文本的一级标题字号为 20 号，进行排列对齐，如图 3.152 所示。

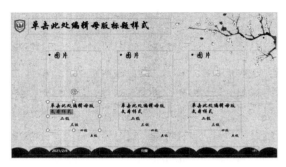

图 3.152 "三等分页"版式母版效果

4）设置"视频、图片页面"版式。

用上一版式相同方式插入"边框""梅花""企业标志"图片，插入"边框.png"图片，复制得到"边框 2"图片，进行旋转、翻转。插入"内容"占位符，设置占位符的宽高使其位于边框中。最终排版效果如图 3.153 所示。

图 3.153 "视频、图片页面"版式母版效果

3. 在演示文稿中应用幻灯片版式

关闭幻灯片母版后，根据需要新建幻灯片，可以在幻灯片内添加内容，使得放映中能显示该内容，如图 3.154 和图 3.155 所示。

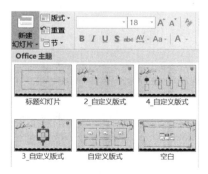

图 3.154 "关闭母版视图"按钮　　图 3.155 "新建幻灯片"下拉列表

4．保存年会幻灯片模版

选择"文件"选项卡中的"另存为"命令，打开"另存为"对话框，文件命名为"企业年会幻灯片模板"，选择"保存类型"为 PowerPoint 模板（.potx），使用默认路径，单击"保存"按钮。

➡ 任务拓展——制作企业年会画册

任务要求

企业年会回顾画册是一个团队纪念册,内容大多是以各种大场合的合照、集体照为主，其中年会图片所占篇幅和面积较大。此类画册多是自动播放的形式，现在小傅需要制作一个能够自动播放的画册，在年会 LED 屏幕上播放。任务效果如图 3.156 所示。

任务拓展　　任务效果

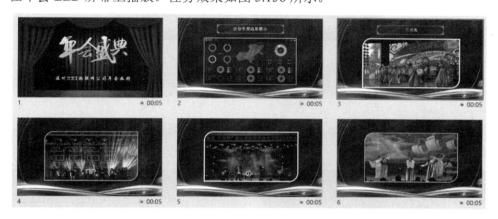

图 3.156　"企业年会画册"效果图

实施思路

准备好素材文件："幕布.jpg""年会盛典.png""图片背景.png"。

1．设置封面页

在"设计"选项卡的"自定义"组中选择"设置背景格式"，插入背景图片"幕布.jpg"；并插入"年会盛典.png"和标题文字"温州×××物联网公司年会画册"，设置字体为"华文行楷"、字号为"48 号""阴影"，排版效果如图 3.157 所示。

图 3.157　"企业年会画册"封面效果图

2．设置图片页

1）设置图片页母版版式样式。

（1）在主母版添加"图片背景.png"，使之后的版式母版都出现相同背景图片的填充。

（2）插入"文本边框.png"，在其中输入"文本"占位符，字体设为"宋体"，字号设为"28 号"。

（3）插入图片占位符，在"绘图工具→格式"选项卡的"插入形状"组，选择"编辑形状"，设置占位符边框样式为矩形，形状轮廓为"浅黄""3 磅"，排版效果如图 3.158 所示。

图 3.158　"图片母版 1"样式

（4）设置图片占位符动画效果，"进入"动画为"形状"，效果选项为"放大-菱形"，开始选项为"上一动画之后"。

（5）另外设置两页图片页母版，便于丰富幻灯片的样式，效果如图 3.159 和图 3.160 所示，动画效果设置同"图片母版 1"。

图 3.159　"图片母版 2"样式　　　　　　　图 3.160　"图片母版 3"样式

2）在演示文稿中应用版式并插入图片及文字，如图 3.161 所示。

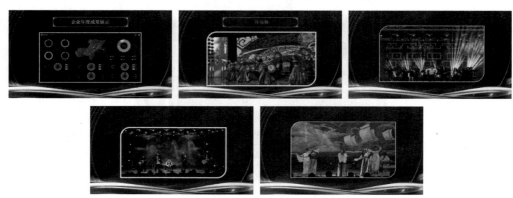

图 3.161　图片页应用版式后效果

3. 设置图片页幻灯片的自动切换

1）设置切换时间。

（1）设置切换效果为"分割"，计时持续时间为 2 秒、自动换片时间为 5 秒，应用到全部。

（2）设置第二张图片页切换效果为"帘式"，计时持续时间为 3 秒、自动换片时间为 8 秒。

2）设置放映方式。

为实现图片自动播放，设置如图 3.162 所示。

图 3.162　"设置放映方式"对话框

4. 保存为视频格式

选择"文件"选项卡中的"导出"命令，单击"创建视频"按钮，在右侧列表中选择"使用录制的计时和旁白"，单击"创建视频"按钮，弹出"另存为"对话框，保存类型含".mp4"或".wmv"，单击"保存"按钮即可。

➡ 任务巩固——制作年会暖场视频

年会舞台会搭建大型的 LED 屏幕，为了让节目氛围更好，需要用演示文稿制作美观的 LED 背景，年会开场暖场阶段会放映企业员工的照片和对企业的寄语，小傅收集了企业各个部门员工的照片和寄语，用 PowerPoint 制作了一个暖场视频，如图 3.163 所示。

任务巩固

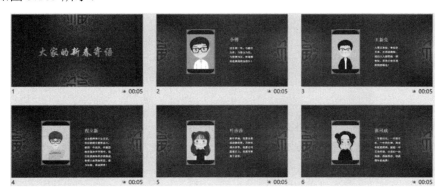

图 3.163　"暖场视频"效果图

项目 4

Excel 2019 表格处理

项目介绍

Excel 2019 是 Microsoft 公司开发的 Office 2019 办公组件之一，集合了表格、数据处理于一身，是最受欢迎的表格分析绘制工具，利用它可以更轻松、高效地组织和处理数据。

任务安排

任务 1　制作会议室工作表

任务 2　制作销售数据分析表

任务 3　制作人事信息数据表

任务 4　制作销售数据统计图表

任务 5　制作产品采购销售分析表

学习目标

✧ 掌握表格数据基本操作、单元格操作、表格美化的方法

✧ 掌握条件格式及有效性验证的方法

✧ 掌握表格的打开及保存方法

✧ 掌握数据简单排序与复杂排序的知识

✧ 掌握数据筛选、高级筛选方法

✧ 掌握数据分类汇总、合并计算的方法

◇ 掌握公式的使用方法

◇ 掌握单元格的引用操作方法

◇ 掌握图表的创建方法

◇ 掌握图表的编辑方法

◇ 掌握图表的格式化方法

◇ 掌握数据透视表的使用方法

任务 1　制作会议室工作表

➜ 任务目标

❖ 掌握表格数据基本操作、单元格操作、表格美化的方法

❖ 掌握条件格式及有效性验证的方法

❖ 掌握简单的函数使用方法

❖ 掌握表格的打开及保存方法

➜ 任务场景

小傅所在的小组预约了下午两点在 1 号会议室开会，但是临近开会时间，小傅他们却发现和综合管理部的一个会议冲突了。原来，会议室管理员依然使用手工记录的方式来安排会议室，非常容易出现差错。小傅决定帮助会议室管理员使用 Excel 电子表格制作会议室开放时间表、会议室预约登记表。

会议室开放时间表包含标题、时间、时段、地点、人员，不同的字段应采用不同的样式，以达到易读、美观的目的，从而方便会议室管理及安排。会议室开放时间是基于会议室预约登记表生成的，员工通过填写会议室预约登记表进行会议室预约，进一步提高工作效率，达到资源优化配比的目的。

➜ 任务准备

任务准备

4.1.1　熟悉 Excel 2019 界面环境

Excel 2019 是在统计数据时常用的一款组件，它可以进行表格和图表的制作，以及各种数据的处理、统计与分析。除了和 Word 2019 的工作界面拥有相同的标题栏、功能区、快速访问工具栏等元素以外，Excel 2019 还有自己的特点。

Excel 2019 工作界面独有元素的名称及功能如图 4.1 所示。

● 名称框：显示当前单元格或单元格区域的名称；

● 编辑框：用于输入和编辑当前单元格中的数据、公式等；

● 列标和行号：用于标识单元格的地址，即所在行、列的位置；

● 用户编辑区：编辑内容的区域，由多个单元格组成；

● 工作表标签：用于显示工作表的名称，单击标签可切换工作表。

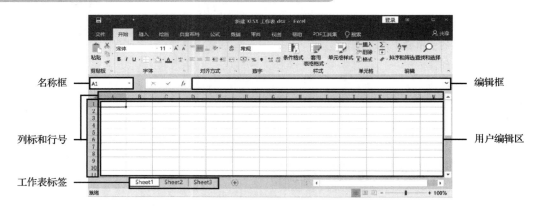

图 4.1　Excel 2019 工作界面

4.1.2　操作工作簿、工作表

1．操作工作簿

（1）创建工作簿

创建工作簿一般有三种方法。

方法 1：默认情况下，启动 Excel 时系统会自动创建一个工作簿，名称默认为"工作簿1.xlsx"，里面有一张默认的空白工作表，名为"Sheet1"。

方法 2：单击"文件"选项卡，选择"新建"命令，单击空白工作簿图标也可创建一个工作簿，如图 4.2 所示。

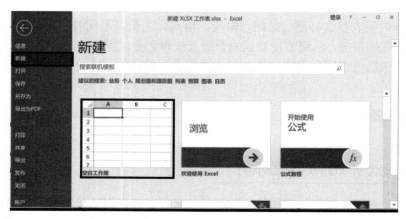

图 4.2　创建工作簿

方法 3：使用键盘组合键[Ctrl+N]，亦可创建一个工作簿。

（2）打开、保存、关闭、退出工作簿

打开工作簿的方法主要有三种。

方法 1：双击 Excel 文档图标。

方法 2：启动 Excel，单击"文件"选项卡中的"打开"命令，在弹出的"打开"对话框中选择相应的文件即可。

方法 3：启动 Excel，单击"文件"选项卡中的"最近所用文件"命令，将在右侧的文件列表中显示最近编辑过的 Excel 工作簿，单击相应的文件名即可打开。

保存工作簿的方法主要有三种。

方法 1：单击"文件"选项卡，选择"保存"命令。

方法 2：使用[Ctrl+S]快捷键。

方法 3：可以单击"文件"选项卡中的"另存为"按钮，选择文件要保存的路径，同时可在"文件名"输入框中输入新的文件名，单击"保存"按钮，即可将文档保存到相应路径中，如图 4.3 所示。

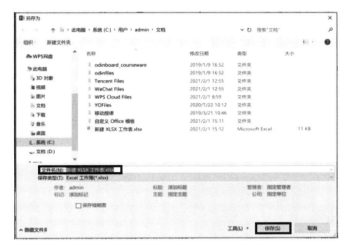

图 4.3 保存新建工作簿

关闭工作簿。要想只关闭当前工作簿而不影响其他正在打开的 Excel 文档，可从"文件"选项卡上单击"关闭"按钮。

退出工作簿。退出 Excel 程序，可单击"文件"选项卡中的"退出"按钮，如果有未保存的文档，将会出现提示保存的对话框。

2．操作工作表

（1）插入工作表。新建的工作簿中默认会有 1 张工作表，可根据需要，在工作簿中插入新的工作表，主要有三种方法。

方法 1：在现有工作表中的末尾插入新工作表，单击窗口底部工作表标签右侧的"插入工作表"按钮。

方法 2：右击现有工作表的标签，在快捷菜单中选择"插入"命令，在弹出的"插入"对话框中选择"工作表"，然后单击"确定"按钮，如图 4.4 所示。

图 4.4 插入工作表

方法 3：单击"开始"选项卡→"单元格"组→"插入"下拉按钮，选择"插入工作表"，即可在当前编辑的工作表前面插入一个工作表。

（2）删除工作表。删除工作表可通过选中要删除的工作表，单击右键后，在弹出的快捷菜单中选中"删除"命令，即可完成删除操作。

（3）重命名工作表。当需要修改某张工作表的名称时，可同样右击要选择的工作表，在弹出的快捷菜单中选择"重命名"命令，输入新的工作表名称即可。

（4）移动或复制工作表。工作表可以在同一个 Excel 工作簿或不同的工作簿之间进行移动或复制。

图 4.5　复制工作表

对于同一工作簿中的工作表要进行移动时，可以采取直接拖曳的方法，在待移动工作表标签上按下鼠标左键，拖动光标到达新位置，松开鼠标即可改变工作表的位置。

对于不同工作簿之间的工作表移动或复制操作，在打开两个工作簿之后，把要移动或复制的工作表选中并单击鼠标右键，在弹出的快捷菜单中选择"移动或复制工作表"命令，打开"移动或复制工作表"对话框中对移动位置进行选择，即可完成不同工作簿之间的移动操作。如果要复制工作表，可勾选"建立副本"复选框，如图 4.5 所示。

4.1.3　操作单元格

1. 数据的输入

输入数值型数据：直接在单元格中输入数字，按 Enter 键确认即可。

输入文本型数据：直接在单元格中输入文字（汉字、英文等），按 Enter 键确认即可。

输入系列数据：对于一些有规律的数据，如 1、2、3、……，一月、二月、三月……，星期一、星期二、星期三……等，这些数据不必逐个输入，可以利用"填充柄"快捷生成，实现自动填充。先输入部分有规律数据，然后上下左右拖动填充柄即可，如图 4.6 所示。

图 4.6　自动填充数据

2. 数据的清除与删除

在编辑工作表时，有时需要对数据进行清除与删除，对象可以是一个单元格、一行或一列中的内容。

清除数据：选中要清除数据的单元格、行或列，右击并选择"清除内容"命令，此时将选中的内容清空，但保留单元格，如图 4.7 所示。

删除数据：选中要删除的单元格、行或列，右击并选择删除命令，此时不仅选中的内容被删除，这一块的单元格的其他内容也会被删除。

3. 单元格格式的设置

单元格数字格式：在 Excel 中，数据类型有常规、数值、货币、会计专用、日期、时间、百分比、分数、文本等。在"开始"选项卡中的"数字"功能区中可以设置这些数字格式。若要详细设置数字格式，则需要在"设置单元格格式"对话框的"数字"选项卡中操作，如图 4.8 所示。

图 4.7　清除数据

图 4.8　设置数字格式

数据的对齐方式：Excel 的对齐方式包含文本对齐方式、文本控制从左到右等。对齐文本能提高内容的主次性，让阅读变得更赏心悦目。文本对齐方式有两种：水平对齐包括靠左对齐、靠右对齐、两端对齐、分散对齐等；垂直对齐包括靠上、靠下、居中等。文本对齐可以让输入到单元格中的文本更整齐。文本控制包含自动换行、缩小字体填充、合并单元格，它使得单元格层次分明、逻辑性更强。数据的对齐可在"设置单元格格式"对话框的"对齐"选项卡中操作，如图 4.9 所示。

图 4.9　对齐方式

设置单元格边框和底纹：可设置边框样式、颜色及位置等。默认情况下，Excel 工作表中的单元格框线都是浅灰色的，它是 Excel 默认的网格线，打印时不出现。为了使数据及说明文字更加清晰直观，需要设置单元格的边框和底纹。在"设置单元格格式"对话框的"边框"与"填充"选项卡中操作，如图 4.10 所示。

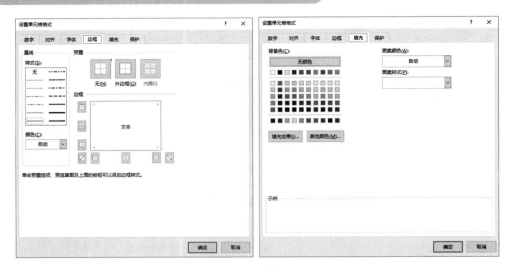

图 4.10　边框与底纹

4．设置条件格式

条件格式，从字面上可以理解为基于条件更改单元格区域的外观。使用条件格式可以直观地查看和分析数据，发现关键问题及数据的变化、趋势等。在 Excel 2019 中，条件格式的功能得到进一步加强，使用条件格式可以突出显示所关注的单元格区域、强调异常值，使用数据条、颜色刻度和图标集来直观地显示数据等。

（1）使用突出显示单元格规则。突出显示单元格规则是指突出显示满足大于、小于、介于和等于指定值的数据所在单元格，而最前或最后规则是指自动选择满足指定百分比或高或低于平均值的数据所在单元格。在"开始"选项卡中的"样式"功能区的"条件格式"模块中进行设置，如图 4.11 所示。

图 4.11　突出显示规则

（2）使用数据条、色阶与图标集。数据条是以长度代表单元格中数值的大小，数据条越长，表示值越大，数据条越短，表示值越小；色阶是用颜色刻度来直观表示数据分布和数据变化，它分为双色和三色色阶；图标集是根据确定的阈值对不同类别的数据显示不同的图标。以上三种操作均可在"开始"选项卡中的"样式"功能区的"条件格式"模块中进行设置，如图 4.12 所示。

图 4.12 数据条、色阶与图标集

4.1.4 设置数据验证

Excel 强大的制表功能给用户的工作带来了方便，但是在表格数据录入过程中难免会出错，比如重复的身份证号码、超出范围的无效数据等。其实，只要合理设置数据验证工具，就可以避免错误。操作方法为，在"数据"选项卡中的"数据验证"功能区的"数据验证"模块中进行设置，如图 4.13 所示。

图 4.13 数据有效性验证

4.1.5 设置简单的函数

1. 求和函数 SUM

语法为：SUM(number1,number2,……)，其中 number1……等为数值或者单元格中存放的数值。

例如，单元格 A1:A3 中存放着数据 1,2,3，在 A4 中输入=SUM(A1:A3)，则 A4 中显示的值为 6。

2. 求平均值函数 AVERAGE

语法为：AVERAGE(number1,number2,……)，其中 number1……等为数值或者单元格中存

放的数值。

例如，单元格 A1:A3 中存放着数据 1,2,3，在 A4 中输入=AVERAGE(A1:A3)，则 A4 中显示的值为 2。

3. 时间函数 TODAY，NOW

语法为：TODAY(), NOW()

功能：显示当前的日期与时间

例如，在单元格中输入=TODAY()，则该单元格显示为当前日期 2021/2/1；在单元格中输入=NOW()，则该单元格显示为当前时间 2021/2/1 20:29。此外，也可通过数字格式设置想显示的时间格式。

4.1.6　单元格引用

1. 相对引用

相对引用是指引用单元格的相对位置，它的引用形式为直接用列标行号表示单元格。在列上填充时，列标不变，行号会随着填充而变化；在行上填充时，行号不变，列标会随着填充而变化。

2. 绝对引用

绝对引用是指引用单元格的精确地址，与包含公式的单元格位置无关，它的引用形式为在行号和列标前都加上一个"$"符号。"$"符号就是起到固定作用，行号和列标前都加上"$"就把行和列都固定了，因此不管怎么填充，引用的区域不会发生变化。

➜ 任务演练——制作会议室时间表

小傅要帮助会议室管理员制作一份规范的会议时间表，让公司各部门能够轻松地预约会议室，同时也方便会议管理。一张规范的会议时间表需要包含时间、时段、地点、预约人等相关信息，同时会议室开放时间表内还需要有使用规范。

任务演练

"会议室开放时间表"效果图如图 4.14 所示。

会议室开放时间表							
时间	时段	地点	星期一	星期二	星期三	星期四	星期五
上午	9:00-10:00	101会议室	市场系统-布昆颉	国际营销-丰春蕾	中间试制部-沙靖柏	市场财经系统-胡含雁	财务系统-孙问风
		102会议室	国内办事处-仁凌寒	产品国际-翁琼诗	深圳总部-东锐进	管理工程部-艾丹溪	生产系统-库冰冰
	10:00-11:00	103会议室	海外地区部-牛立轩	市场系统-布昆颉	国际营销-丰春蕾	中间试制部-沙靖柏	市场财经系统-胡含雁
		104会议室	研发系统-步成周	国内办事处-仁凌寒	产品国际-翁琼诗	深圳总部-东锐进	管理工程部-艾丹溪
	11:00-12:00	105会议室	财务系统-孙问风	海外地区部-牛立轩	市场系统-布昆颉	国际营销-丰春蕾	中间试制部-沙靖柏
		106会议室	生产系统-库冰冰	研发系统-步成周	国内办事处-仁凌寒	产品国际-翁琼诗	深圳总部-东锐进
下午	13:00-14:00	101会议室	市场财经系统-胡含雁	财务系统-孙问风	市场系统-布昆颉	市场系统-布昆颉	国际营销-丰春蕾
		102会议室	管理工程部-艾丹溪	生产系统-库冰冰	研发系统-步成周	国内办事处-仁凌寒	产品国际-翁琼诗
	14:00-15:00	103会议室	中间试制部-沙靖柏	市场财经系统-胡含雁	财务系统-孙问风	海外地区部-牛立轩	市场系统-布昆颉
		104会议室	深圳总部-东锐进	管理工程部-艾丹溪	生产系统-库冰冰	研发系统-步成周	国内办事处-仁凌寒
	15:00-16:00	105会议室	国际营销-丰春蕾	中间试制部-沙靖柏	市场财经系统-胡含雁	财务系统-孙问风	海外地区部-牛立轩
		106会议室	产品国际-翁琼诗	深圳总部-东锐进	管理工程部-艾丹溪	生产系统-库冰冰	研发系统-步成周

注：
1、各部门请在规定时间内使用会议室，若超出时间请提前10分钟和下一时段的使用部门协商；
2、会议室在使用过程中其他部门不得随意敲门进入打扰，否则暂停使用会议室 1-2次；
3、各部门请提前 5分钟结束会议，便于留有时间摆放整理桌椅和清理杂物，以及避免影响下一时段使用。

图 4.14　"会议室开放时间表"效果图

打开素材.xlsx，对会议室开放时间表 Sheet 进行操作。

1. 插入行与列

设计会议室时间表基本内容，并按照效果图进行排版。

插入行：选中第一行→右击→插入，即可在选中行上方插入行。

插入列：选中A列→右击→插入，即可在选中列左方插入列。

在A1中输入"会议室开放时间表"，设置字体为18号，在A2中输入"时间"，在A3单元格中输入"上午"，A9单元格中输入"下午"，结果如图4.15所示。

图4.15 插入行与列之后的结果

2. 合并单元格

选中A1—H1，单击"开始"选项卡→"对齐方式"组→"合并后居中"下拉按钮→"合并后居中"按钮。

选中A3—A8，单击"开始"选项卡→"对齐方式"组→"合并后居中"下拉按钮→"合并后居中"按钮。单击格式刷，选中A9—A14。

选中B3B4，单击"开始"选项卡→"对齐方式"组→"合并后居中"下拉按钮→"合并后居中"按钮。双击格式刷，依次选中B5B6、B7B8、B9B10、B11B12、B13B14。

选中A15—H19，先合并单元格，再单击"开始"选项卡→"对齐方式"组→"自动换行"按钮，结果如图4.16所示。

图4.16 合并单元格后的结果

3. 表格美化

选中全表，单击"开始"选项卡→"单元格"组→"格式"下拉按钮→"行高"按钮，将第二行行高设置为"25"，第3—14行行高设置为"20"。

单元格颜色填充：选中A2—H2，单击"开始"选项卡→"样式"组→"单元格样式"下拉按钮→"主题单元格样式，浅蓝，40%，着色1"。

选中A2—H2，单击"开始"选项卡→"字体"组扩展按钮，设置字号为"14""加粗"，对齐方式为"居中，垂直居中"。

选中 A2—H19，单击"开始"选项卡→"字体"组扩展按钮→"边框"下拉列表→"所有框线"。

表格边框：选中 A2—H14，单击"开始"选项卡→"字体"组扩展按钮→"边框"下拉列表→"双底框线"，即可得到最终结果。

➡ 任务拓展——制作会议室预约登记表

任务拓展

会议室开放时间是基于会议室预约登记表生成的，员工通过填写会议室预约登记表进行会议室预约，达到资源优化配比的目的。小傅需要帮助会议室管理员制作一份会议室预约登记表，有序的流程能大幅提高工作效率。

"会议室预约登记表"效果图如图 4.17 所示。

会议室预约登记表

已预约情况	101会议室	102会议室	103会议室	104会议室	201会议室	202会议室	203会议室	204会议室	现在时间	
09:00-10:00	已预约									
10:00-11:00									2021年1月7日	
11:00-12:00										
14:00-15:00									星期四	
15:00-16:00										
16:00-17:00									22:58	
17:00-18:00										
序号	日期	时间段	会议室名称	申请人	部门	岗位	联系电话	使用人数	申请用途	备注
1	2021年1月9日	09:00-10:00	101会议室	布昆韻	市场系统	行政专员	13023332333	6人	部门月度会议	
2	2021年1月10日	10:00-11:00	101会议室	仁凌寒	国内办事处	行政专员	13012341234	6人	部门月度会议	
3	2021年1月11日	11:00-12:00	201会议室	步成周	研发系统	行政专员	13001350135	6人	部门月度会议	
4	2021年1月12日	14:00-15:00	203会议室	孙问风	财务系统	行政专员	12990359036	6人	部门月度会议	

图 4.17 "会议室预约登记表"效果图

打开素材.xlsx，对会议室预约登记表 Sheet 进行操作。

1. 自动填充

选中 A1—H1，单击"开始"选项卡→"对齐方式"组→"合并后居中"下拉列表→"合并后居中"按钮，字号设置为"20"。

选中 B2，鼠标单击右下角并拖曳至 E2，完成数据自动填充，同理将 F2 拖曳至 I2。

在 A11 中输入"1"，在 A12 中输入"2"，选中 A11A12，拖曳至 A14，完成递增形式自动填充，结果如图 4.18 所示。

会议室预约登记表

已预约情况	101会议室	102会议室	103会议室	104会议室	201会议室	202会议室	203会议室	204会议室		
09:00-10:00										
10:00-11:00										
11:00-12:00										
14:00-15:00										
15:00-16:00										
16:00-17:00										
17:00-18:00										
序号	日期	时间段	会议室名称	申请人	部门	岗位	联系电话	使用人数	申请用途	备注
1		09:00-10:00	101会议室	布昆韻	市场系统	行政专员		6	部门月度会议	
2		10:00-11:00	101会议室	仁凌寒	国内办事处	行政专员		6	部门月度会议	
3		11:00-12:00	201会议室	步成周	研发系统	行政专员		6	部门月度会议	
4		14:00-15:00	203会议室	孙问风	财务系统	行政专员		6	部门月度会议	

图 4.18 自动填充结果

2. 数据格式化

在日期栏 B11 输入当前日期，如"2021/1/9"，再完成 B12—B14 的自动填充，如出现"#####"，可以选中该列，双击右边框，单击"开始"选项卡→"数字"组的下拉选项框，在弹出的"设置单元格格式"对话框分类选项中选择"日期"，类型中选择"2012 年 3 月 12 日"，单击"确定"按钮。

选中 I11—I14，单击"开始"选项卡→"数字"组的下拉选项框，在弹出的"设置单元格格式"对话框的分类选项中选择"自定义"，类型中输入"6 人"，单击"确定"按钮，结果如图 4.19 所示。

图 4.19　数据格式化结果

3. 数据样式

在 B3 单元格中输入"已预约"，选中 B3—I9，单击"开始"选项卡→"样式"组→"条件样式"下拉按钮，选择新建格式规则，在弹出的对话框中对选择规则类型菜单选择"只为包含以下内容的单元格设置格式"，在编辑规则说明标签中将"介于"改为"等于"，填写规则"已预约"，单击"格式"，字体颜色设置为"红色"，填充设置为"黄色"，则在 B3—I9 中输入的"已预约"会相应改变颜色，结果如图 4.20 所示。

图 4.20　数据样式结果

4. 数据有效性验证

选中 H11—H14，单击"数据"选项卡→"数据工具"组→"数据验证"按钮，在弹出的窗口中设置允许栏"文本长度""等于""11"，出错警告设置为"停止"，单击"确定"按钮，可实现当输入长度不为 11 位时报错，过程与结果如图 4.21 和图 4.22 所示。

图 4.21　数据有效性设置过程

会议室预约登记表

已预约情况	101会议室	102会议室	103会议室	104会议室	201会议室	202会议室	203会议室	204会议室
09:00-10:00	已预约							
10:00-11:00								
11:00-12:00								
14:00-15:00								
15:00-16:00								
16:00-17:00								
17:00-18:00								

序号	日期	时间段	会议室名称	申请人	部门	岗位	联系电话	使用人数	申请用途	备注
1	2021年1月9日	09:00-10:	101会议室	布昆颉	市场系统	行政专员	13023332333	6人	部门月度会议	
2	2021年1月10日	10:00-11:	101会议室	仁凌寒	国内办事处	行政专员	13012341234	6人	部门月度会议	
3	2021年1月11日	11:00-12:	201会议室	步成周	研发系统	行政专员	13001350135	6人	部门月度会议	
4	2021年1月12日	14:00-15:	203会议室	孙问风	财务系统	行政专员	12990359036	6人	部门月度会议	

图 4.22　数据有效性结果

5. 简单函数使用及数据格式化

在 J2 中输入"现在时间"，J4 中输入"=Today()"，J6 中输入"=Today()"，J8 中输入"=Now()"。

选中 J4，单击"开始"选项卡→"数字"组的下拉选项框，在弹出的"设置单元格格式"对话框的分类选项中选择"日期"，类型中选择"2012 年 3 月 12 日"，单击"确定"按钮。

选中 J8，单击"开始"选项卡→"数字"组的下拉选项框，在弹出的"设置单元格格式"对话框的分类选项中选择"日期"，类型中选择"星期三"，单击"确定"按钮。

选中 J8，单击"开始"选项卡→"数字"组的下拉选项框，在弹出的"设置单元格格式"对话框的分类选项中选择"时间"，类型选择"13:30"，单击"确定"按钮，结果如图 4.23 所示。

会议室预约登记表

已预约情况	101会议室	102会议室	103会议室	104会议室	201会议室	202会议室	203会议室	204会议室	现在时间
09:00-10:00	已预约								
10:00-11:00									
11:00-12:00									2021年1月7日
14:00-15:00									
15:00-16:00									星期四
16:00-17:00									
17:00-18:00									22:50

序号	日期	时间段	会议室名称	申请人	部门	岗位	联系电话	使用人数	申请用途	备注
1	2021年1月9日	09:00-10:	101会议室	布昆颉	市场系统	行政专员	13023332333	6人	部门月度会议	
2	2021年1月10日	10:00-11:	101会议室	仁凌寒	国内办事处	行政专员	13012341234	6人	部门月度会议	
3	2021年1月11日	11:00-12:	201会议室	步成周	研发系统	行政专员	13001350135	6人	部门月度会议	
4	2021年1月12日	14:00-15:	203会议室	孙问风	财务系统	行政专员	12990359036	6人	部门月度会议	

图 4.23　函数使用及格式化结果

6. 自主任务

根据任务演示所学知识将表格进行美化，得到最终结果。

任务巩固——制作销售数据分析表

任务巩固

本次各部门月度会议将讨论各产品的销售金额，从多角度分析产品销量，调整后期的销售计划。小傅在拿到销售数据之后，需要对其进行简单的分析，使参会的同事根据分析表能直观地了解当前的销售情况。

"销售数据分析表"效果图如图 4.24 所示。

销售数据分析表

制表人：凌寒湘　　　　　　　　　　　　　　　　　　　　　　　单位：万元

产品名称	1月	2月	3月	4月	5月	6月	7月	8月	9月	10月	11月	12月	年度总金额	销售额占比
甲	2194	5262	2428	1806	1322	2133	4189	1119	2000	3821	2763	5341	¥34,378.0	8.65%
乙	1689	1733	2627	2549	2439	3154	1147	2409	4376	2854	2755	3457	¥31,189.0	7.85%
丙	4619	4863	1792	2501	2630	2793	2816	2039	4138	5393	4128	2519	¥40,231.0	10.12%
丁	2827	4596	2688	5287	4160	4974	3573	4912	4632	1880	3146	3035	¥45,710.0	11.50%
戊	3415	4211	2067	2416	3484	3437	4561	5406	2040	3416	2872	4594	¥41,919.0	10.55%
己	2036	5039	2536	4305	3358	5429	3085	1112	2350	2794	4429	2270	¥38,743.0	9.75%
庚	2464	4753	4697	2025	2223	4111	4252	5331	2102	4915	5190	3953	¥46,016.0	11.58%
辛	2504	3775	1324	3851	5107	4354	2381	1752	1385	4406	2765	5276	¥38,880.0	9.78%
壬	5303	2170	5369	4789	2207	4378	2965	3933	3108	1309	4688	1844	¥42,063.0	10.58%
癸	5174	3539	3068	3762	1482	1886	3002	5023	1632	5476	1262	¥38,281.0	9.63%
单月总金额	¥32,225.0	¥39,941.0	¥28,614.0	¥33,291.0	¥28,412.0	¥36,649.0	¥31,971.0	¥33,036.0	¥29,088.0	¥32,420.0	¥38,212.0	¥33,551.0	¥397,410.0	100.00%
单月平均值	¥3,222.5	¥3,994.1	¥2,861.4	¥3,329.1	¥2,841.2	¥3,664.9	¥3,197.1	¥3,303.6	¥2,908.8	¥3,242.0	¥3,821.2	¥3,355.1	¥39,741.0	

图 4.24　"销售数据分析表"效果图

打开素材.xlsx，对销售数据分析表 Sheet 进行操作。

1. 数据分析操作

选中 N4，输入"=SUM(B4:M4)"，自动填充至 N13，计算年度产品销售总金额。

选中 B14，输入"=SUM(B4:B13)"，自动填充至 N14，计算单月产品销售总金额。

选中 B15，输入"=B14/12"，自动填充至 N15，计算单月产品销售平均值。

选中 O4，输入"=N4/$N$14"，自动填充至 O14，计算销售额占比，并将 04-014 显示格式设置为"百分比"，结果如图 4.25 所示。

销售数据分析表												单位：万元		
制表人：凌寒烟														
产品名称	1月	2月	3月	4月	5月	6月	7月	8月	9月	10月	11月	12月	年度总金额	销售额占比
甲	2194	5262	2428	1806	1322	2133	4189	1119	2000	3821	2763	5341	34378	0.086505
乙	1689	1733	2627	2549	2439	3154	1147	2409	4376	2854	2755	3457	31189	0.078481
丙	4619	4863	1792	2501	2630	2793	2816	2039	4138	5393	4128	2519	40231	0.101233
丁	2827	4596	2688	5287	4160	4974	3573	4912	4632	1880	3146	3035	45710	0.11502
戊	3415	4211	2067	2416	3484	3437	4561	5406	2040	3416	2872	4594	41919	0.10548
己	2036	5039	2536	4305	3358	5429	3085	1112	2350	2794	4429	2270	38743	0.097489
庚	2464	4753	4697	2025	2223	4111	4252	5331	2102	4915	5190	3953	46016	0.11579
辛	2504	3775	1324	3851	5107	4354	2381	1752	1385	4406	2765	5276	38880	0.097833
壬	5303	2170	5369	4789	2207	4378	2965	3933	3108	1309	4688	1844	42063	0.105843
癸	5174	3539	3086	3762	1482	1886	3002	5023	2957	1632	5476	1262	38281	0.096326
单月总金额	32225	39941	28614	33291	28412	36649	31971	33036	29088	32420	38212	33551	397410	1
单月平均值	2685.417	3328.417	2384.5	2774.25	2367.667	3054.083	2664.25	2753	2424	2701.667	3184.333	2795.917	33117.5	

图 4.25　数据分析操作结果

2. 数据样式

选中 N4—N13 列，单击"开始"选项卡→"样式"组→"条件格式"下拉按钮→"数据条"按钮，单击"确定"按钮，结果如图 4.26 所示。

销售数据分析表												单位：万元		
制表人：凌寒烟														
产品名称	1月	2月	3月	4月	5月	6月	7月	8月	9月	10月	11月	12月	年度总金额	销售额占比
甲	2194	5262	2428	1806	1322	2133	4189	1119	2000	3821	2763	5341	¥34,378.0	8.65%
乙	1689	1733	2627	2549	2439	3154	1147	2409	4376	2854	2755	3457	¥31,189.0	7.85%
丙	4619	4863	1792	2501	2630	2793	2816	2039	4138	5393	4128	2519	¥40,231.0	10.12%
丁	2827	4596	2688	5287	4160	4974	3573	4912	4632	1880	3146	3035	¥45,710.0	11.50%
戊	3415	4211	2067	2416	3484	3437	4561	5406	2040	3416	2872	4594	¥41,919.0	10.55%
己	2036	5039	2536	4305	3358	5429	3085	1112	2350	2794	4429	2270	¥38,743.0	9.75%
庚	2464	4753	4697	2025	2223	4111	4252	5331	2102	4915	5190	3953	¥46,016.0	11.58%
辛	2504	3775	1324	3851	5107	4354	2381	1752	1385	4406	2765	5276	¥38,880.0	9.78%
壬	5303	2170	5369	4789	2207	4378	2965	3933	3108	1309	4688	1844	¥42,063.0	10.58%
癸	5174	3539	3086	3762	1482	1886	3002	5023	2957	1632	5476	1262	¥38,281.0	9.63%
单月总金额	¥32,225.0	¥39,941.0	¥28,614.0	¥33,291.0	¥28,412.0	¥36,649.0	¥31,971.0	¥33,036.0	¥29,088.0	¥32,420.0	¥38,212.0	¥33,551.0	¥397,410.0	100.00%
单月平均值	¥2,685.4	¥3,328.4	¥2,384.5	¥2,774.3	¥2,367.7	¥3,054.1	¥2,664.3	¥2,753.0	¥2,424.0	¥2,701.7	¥3,184.3	¥2,795.9	¥33,117.5	

图 4.26　数据样式操作结果

3. 表格美化

根据前面所学自主完成表格美化，实现最终结果。

任务 2　制作销售数据分析表

任务目标

❖ 掌握 Excel 数据简单排序与复杂排序方法
❖ 掌握数据筛选、高级筛选方法
❖ 掌握数据分类汇总、合并计算方法
❖ 掌握表格的打开及保存方法

任务场景

年度销售数据分析是市场管理部在年底的一项重要任务，通过分析数据可以对未来的工作安排进行优化调整。本周，小傅就要负责对本年度的销售数据进行汇总分析工作。年度销售数据的展示需要遵循简明直观的原则，小傅需要对数据进行排序，让领导在查看数据的同时马上能关注到数据的优劣，并且利用筛选功能提炼需要重点关注的数据。而在汇总不同销售项目的数据时则需要使用数据合并的功能，汇总好的数据便于后续处理。

🡲 任务准备

任务准备

4.2.1　设置数据排序

排序是指对工作表中的数据按照指定的顺序规律重新安排顺序，它有助于快速直观地显示数据，更好地组织并查找所需数据及最终做出更有效的决策，其目的是将一组"无序"的数据调整为"有序"的数据，如将数字由大到小排序、相同内容排序到一起、相同颜色单元格排在一起等。Excel 可对列或者行中的数据按文字、数字、日期等进行排序，比如对销售成绩进行排名，以便进行统计分析。针对不同情况、不同要求，我们使用的数据排序方法也不一样。

1．简单排序

图 4.27　简单排序操作

Excel 中的简单排序是指在排序的时候，设置单一的排序条件，将工作表中的数据按照指定的某种数据类型进行重新排序。此功能可以对表格中某列的数据进行升序或降序排序。具体操作为，单击要进行排序的列中的任一单元格，再单击"数据"选项卡的"排序和筛选"功能区中的"升序"按钮或"降序"按钮，所选列即按照升序或降序方式进行排序。数字的排序规则是：升序由小到大，降序由大到小；汉字的排序规则是：按汉字的首字母 A—Z 排序，如图 4.27 所示。

2．复杂排序

当排序的数据里出现相同的内容，它会保持原有的秩序，如果还要对相同的数据按照一定的条件进行排序，这时候就会用到多个关键词的复杂排序。复杂排序允许同时对多列进行排序，其排序规则为，先按照第一关键字排序，如果序列中存在重复项，那么继续按照第二关键字排序，以此类推。可通过单击"数据"选项卡中的"排序与筛选"功能区中的"排序"按钮，在打开的"排序"对话框中对"主要关键字"进行设置。如果要再增加排序条件，可单击"添加条件"，然后设置"次要关键字"，并根据需要设置"升序"或者"降序"，如图 4.28 所示。

图 4.28　复杂排序

4.2.2 设置数据筛选

平时在处理一些繁杂的数据表格时，使用数据筛选功能可以方便快捷地查找出我们所需的数据信息。与排序不同，筛选并不重排区域，只是暂时隐藏不必显示的行。筛选是查找和处理区域数据子集的快捷方法。筛选区域仅显示条件的行，该条件由所针对的某列指定。Excel 提供了两种筛选区域的命令：自动筛选与高级筛选。

1. 设置自动筛选

自动筛选是一种快速、简捷的筛选方法，能方便地在包含有大量数据的工作表中筛选出满足条件的信息，同时隐藏不需要的数据。

在选中含有数据的任意单元格后，单击"数据"选项卡中的"排序与筛选"功能区的"筛选"按钮，此时在工作表的所有字段名上方会出现一个下拉箭头，单击想要筛选数据列上方的下拉箭头，根据需要选中选项，即可完成筛选，如图 4.29 所示。

图 4.29 自动筛选

2. 设置高级筛选

自动筛选可以完成大部分简单的筛选操作，但对于条件较为复杂的情况，可以使用高级筛选。高级筛选的结果可以显示在原数据表格中，不符合条件的记录被隐藏；也可以在新的位置显示筛选结果。

在进行高级筛选前需要首先定义筛选条件，条件区域通常包括两行或三行，在第一行的单元格中输入指定字段名称，在第二行的单元格中输入对于字段的筛选条件，如图 4.30 所示。

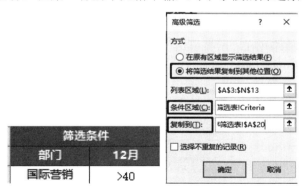

图 4.30 插入工作表

4.2.3 设置分类汇总

Excel 分类汇总功能可以非常便捷地对数据进行计数、求和等操作，根据不同条件可以得到不同的汇总结果。分类汇总在按某一字段的内容进行分类排序后，不需要建立公式，Excel

会自动对排序后的各类数据进行求和、求平均值、统计个数、求最大/最小值等各种计算，并且分级显示汇总结果。

设置方法为，选中任意单元格，单击"数据"选项卡，"分级显示"功能区，选择"分类汇总"，在"分类汇总"窗口中对"分类字段""汇总方式""选定汇总项"进行设置，如图4.31所示。

图 4.31　分类汇总

4.2.4　设置合并计算

Excel 中的合并计算是指，通过合并计算的方法来汇总一个或多个源区域中的数据，当多个工作表中的字段完全相同但排列比较混乱时，便可利用该功能来进行合并计算。例如，如果每个地区办事处都有一张费用数据表，可以使用合并计算法将这些数据汇总到公司费用表中。该工作表可能包含整个企业的销售总额和平均值、当前库存水平和销量最高的产品。

设置方法为，单击"数据"选项卡→"数据工具"组→"合并计算"，在"函数"对话框中，单击希望 Excel 用于合并数据的函数。在每个源工作表中，选择数据，确保包括之前选择的首行或左列信息。文件路径在"所有引用位置"中输入。添加每个源工作表和工作簿的数据后，单击"确定"按钮，如图 4.32 所示。

图 4.32　合并计算

4.2.5　设置简单的函数

1. 最大值函数 MAX

说明：返回一组值中的最大值。

语法：MAX(number1, [number2], ...)，MAX 函数语法中的下列参数：number1, number2, ... 其中 number1 是必需的，后续数字是可选的。

例如，单元格 A1:A5 中存放有 3、2、1、5、4 五个数字，在 A6 中输入=MAX(A1:A5)，则 A6 中显示的值为 5。

2. 最小值函数 MIN

说明：返回一组值中的最小值。

语法：MIN(number1, [number2], ...)，MIN 函数语法中的下列参数：number1, number2, ... 其中 number1 是必需的，后续数字是可选的。

例如，单元格 A1:A5 中存放有 3、2、1、5、4 五个数字，在 A6 中输入=MIN(A1:A5)，则 A6 中显示的值为 1。

3. 排序函数 RANK

说明：传回数字在一数列中的排名。数位的排名是相对于清单中其他值的大小。

语法：RANK(number,ref,[order])，number 为要找出其排名的数字，ref 为数列的阵列或参照，order 为指定排列数值方式的数字。若为 0，为降序排列；若不为 0，则为升序排列。

例如，单元格 A1:A5 中存有 100、250、150、300、240，在 B1 中输入=RANK(A1,$A$1:$A$5)，则 B1 显示为 5，若对 A1:A5 使用自动填充，则可得到全部排名。

4. 条件函数 IF

说明：根据条件的真假值，返回不同的结果。

语法：IF(logical_test, Value_if_true, Value_if_false)，logical_test 为检测条件，Value_if_true 为结果为真，Value_if_false 为结果相反。

例如，单元格 A1:A5 中存有 100、250、150、300、240，在 B1 中输入=IF(A5>200，"大于 200"，"不大于 200")，则 B1 显示为大于 200。

➡ 任务演练——制作销售数据排序筛选表

小傅首先要对拿到的销售数据进行排序分析，按照销售金额对各个销售项目进行排序，直观地了解产品的销售情况，并且通过筛选为领导展示需重点关注的人工智能领域的产品销售状况。

"销售数据排序筛选表"效果图如图 4.33 所示。

打开素材.xlsx，对数据排序筛选表 Sheet 进行操作。

任务演练

1. 数据排序

选中 A3—N13，单击"数据"选项卡→"排序与筛选"组→"排序"按钮，在对话框中勾选"数据包含标题"，主要关键字选择"1 月"，其他保持不变，单击"确定"按钮，即可完成根据 1 月销售数据升序排列的表格，步骤与结果如图 4.34 和图 4.35 所示。

销售数据分析表

制表人：凌寒烟　　　　　　　　　　　　　　　　　　　　　　　　　　　　　　　　单位：万元

部门	项目负责人	1月	2月	3月	4月	5月	6月	7月	8月	9月	10月	11月	12月
海外地区部	田阳州	46.7	14.4	16.8	41.6	35.9	14.2	34.4	22.6	42.5	11.2	39.4	31.3
国际营销	栗从云	45.3	27.2	13.9	25.9	14.7	17.2	46.9	34.3	37.5	31.4	22.9	11.5
深圳总部	兴冷之	43.1	12.5	32.7	15.0	19.5	10.9	17.3	26.0	28.1	12.8	37.8	14.1
国际营销	尚飞雨	39.7	44.7	30.0	39.1	33.1	24.7	16.7	33.9	44.6	35.6	21.0	48.6
海外地区部	肖慈	31.3	38.0	11.7	49.0	37.9	31.7	13.9	37.0	25.7	25.9	24.7	32.7
国际营销	劳谷雪	26.1	21.0	37.3	24.5	44.8	25.3	12.9	30.7	15.4	25.6	25.6	30.5
国际营销	但白凡	24.4	38.6	48.1	15.5	15.5	50.0	45.0	21.4	18.7	35.5	43.9	49.0
深圳总部	布昆颉	24.4	31.1	44.8	30.6	25.3	25.4	44.4	49.6	35.2	24.0	18.8	25.5
海外地区部	成弘大	19.2	31.4	41.7	15.4	25.4	24.1	10.2	43.2	37.7	47.4	21.0	31.3
深圳总部	赵澹	11.3	39.0	48.6	49.7	38.2	30.8	19.3	46.8	11.0	10.5	20.6	11.9

筛选条件	
部门	12月
国际营销	>40

部门	项目负责人	1月	2月	3月	4月	5月	6月	7月	8月	9月	10月	11月	12月
国际营销	尚飞雨	39.7	44.7	30.0	39.1	33.1	24.7	16.7	33.9	44.6	35.6	21.0	48.6
国际营销	但白凡	24.4	38.6	48.1	25.6	15.5	50.0	45.0	21.4	18.7	35.5	43.9	49.0

图 4.33　"销售数据排序筛选表"效果图

图 4.34　数据排序操作过程 1

销售数据分析表

制表人：凌寒烟　　　　　　　　　　　　　　　　　　　　　　　　　　　　　　　　单位：万元

部门	项目负责人	1月	2月	3月	4月	5月	6月	7月	8月	9月	10月	11月	12月
深圳总部	赵澹	11.3	39.0	48.6	49.7	38.2	30.8	19.3	46.8	11.0	10.5	20.6	11.9
海外地区部	成弘大	19.2	31.4	41.7	15.4	25.4	24.1	10.2	43.2	37.7	47.4	21.0	31.3
国际营销	但白凡	24.4	38.6	48.1	25.6	15.5	50.0	45.0	21.4	18.7	35.5	43.9	49.0
深圳总部	布昆颉	24.4	31.1	44.8	30.6	25.3	25.4	44.4	49.6	35.2	24.0	18.8	25.5
国际营销	劳谷雪	26.1	21.0	37.3	24.5	44.8	25.3	12.9	30.7	15.4	25.6	25.6	30.5
海外地区部	肖慈	31.3	38.0	11.7	49.0	37.9	31.7	13.9	37.0	25.7	25.9	24.7	32.7
国际营销	尚飞雨	39.7	44.7	30.0	39.1	33.1	24.7	16.7	33.9	44.6	35.6	21.0	48.6
深圳总部	兴冷之	43.1	12.5	32.7	15.0	19.5	10.9	17.3	26.0	28.1	12.8	37.8	14.1
国际营销	栗从云	45.3	27.2	13.9	25.9	14.7	17.2	46.9	34.3	37.5	31.4	22.9	11.5
海外地区部	田阳州	46.7	14.4	16.8	41.6	35.9	14.2	34.4	22.6	42.5	11.2	39.4	31.3

图 4.35　数据排序结果 1

选中 A3—N13，单击"数据"选项卡→"排序与筛选"组→"排序"按钮，在对话框中勾选"数据包含标题"，单击添加条件，主要关键字选择"1月"，次要关键字选择"2月"，次序都选择"降序"，即可实现在 1 月销售额相同的情况下，根据 2 月销售额降序的排序方式，步骤与结果如图 4.36 和图 4.37 所示。

图 4.36 数据排序操作过程 2

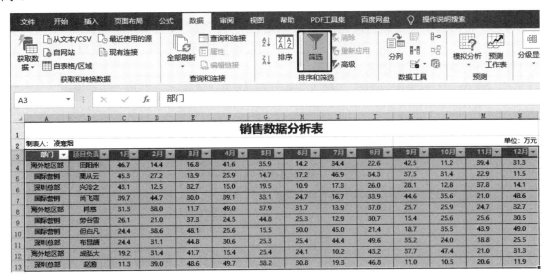

图 4.37 数据排序结果 2

2. 自动筛选

选中 A3—N13，单击"数据"选项卡→"排序与筛选"组→"筛选"按钮，步骤如图 4.38 所示。

图 4.38 自动筛选步骤 1

单击"部门"的下拉按钮，勾选"海外地区部"，即可实现筛选出所有海外地区部的数据，步骤与结果如图 4.39 和图 4.40 所示。

图 4.39　自动筛选步骤 2

部门	项目负责人	1月	2月	3月	4月	5月	6月	7月	8月	9月	10月	11月	12月
海外地区部	田阳州	46.7	14.4	16.8	41.6	35.9	14.2	34.4	22.6	42.5	11.2	39.4	31.3
海外地区部	肖慈	31.3	38.0	11.7	49.0	37.9	31.7	13.9	37.0	25.7	25.9	24.7	32.7
海外地区部	成泓大	19.2	31.4	41.7	15.4	25.4	24.1	10.2	43.2	37.7	47.4	21.0	31.3

销售数据分析表　制表人：凌寒烟　单位：万元

图 4.40　自动筛选结果

3. 高级筛选

选中 A3—N13，单击"数据"选项卡→"排序与筛选"组→"高级"按钮，在弹出的对话框中勾选"将筛选结果复制到其他位置"，单击"条件区域"空白框，选择 A17—B18；单击"复制到"空白框，单击 A20，选择"确定"按钮，即可实现根据筛选条件生成的筛选结果，也就是任务的最终结果，如图 4.41 所示。

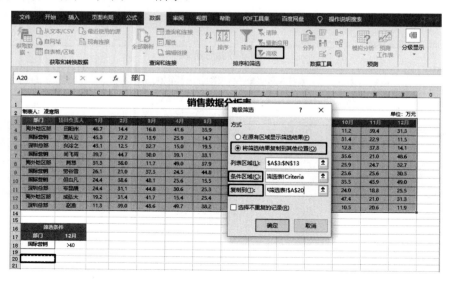

图 4.41　高级筛选步骤

➡ 任务拓展——制作销售数据合并表

任务拓展

　　小傅在处理数据的过程中发现，一些销售数据虽然来自不同的销售项目且分别显示在不同的工作表当中，但是部门和项目负责人是相同的，小傅想到可以利用合并计算的功能将不同工作表的数据通过数据合并的方式有序地连接起来，然后通过分类汇总快速地进行数据分析。

　　"销售数据合并表"的效果图如图4.42所示。

销售数据分析表1

制表人：凌寰烟　　　　　　　　　　　　　　　　单位：万元

部门	项目负责人	1月	2月	3月	4月	5月	6月
深圳总部	布昆颉	24.4	31.1	44.8	30.6	25.3	25.4
深圳总部	兴冷之	43.1	12.5	32.7	15.0	19.5	10.9
深圳总部	赵澹	11.3	39.0	48.6	49.7	38.2	30.8
海外地区部	肖慈	31.3	38.0	11.7	49.0	37.9	31.7
海外地区部	成弘大	19.2	31.4	41.7	15.4	25.4	24.1
海外地区部	田阳州	46.7	14.4	16.8	41.6	35.9	14.2
国际营销	栗从云	45.3	27.2	13.9	25.9	14.7	17.2
国际营销	劳谷雷	26.1	21.0	37.3	24.5	44.8	25.3
国际营销	但白凡	23.3	38.6	48.1	25.6	15.5	50.0
国际营销	尚飞雨	39.7	44.7	30.0	39.1	33.1	24.7

销售数据分析表2

制表人：凌寰烟　　　　　　　　　　　　　　　　单位：万元

部门	项目负责人	7月	8月	9月	10月	11月	12月
国际营销	但白凡	45.0	21.4	18.7	35.5	43.9	49.0
深圳总部	兴冷之	44.4	49.6	35.2	24.0	18.8	25.5
海外地区部	肖慈	13.9	37.0	25.7	25.9	24.7	32.7
国际营销	劳谷雷	12.9	30.7	15.4	25.6	25.6	30.5
深圳总部	赵澹	19.3	46.8	11.0	10.5	20.6	11.9
国际营销	栗从云	46.9	34.3	37.5	31.4	22.9	11.5
海外地区部	成弘大	10.2	43.2	37.7	47.4	21.0	31.3
深圳总部	布昆颉	17.3	26.0	28.1	12.8	37.8	14.1
国际营销	尚飞雨	16.7	33.9	44.6	35.6	21.0	48.6
海外地区部	田阳州	34.4	22.6	42.5	11.2	39.4	31.3

	1月	2月	3月	4月	5月	6月	7月	8月	9月	10月	11月	12月
布昆颉	24.4	31.1	44.8	30.6	25.3	25.4	17.3	26.0	28.1	12.8	37.8	14.1
兴冷之	43.1	12.5	32.7	15.0	19.5	10.9	44.4	49.6	35.2	24.0	18.8	25.5
赵澹	11.3	39.0	48.6	49.7	38.2	30.8	19.3	46.8	11.0	10.5	20.6	11.9
肖慈	31.3	38.0	11.7	49.0	37.9	31.7	13.9	37.0	25.7	24.7	24.7	32.7
成弘大	19.2	31.4	41.7	15.4	25.4	24.1	10.2	43.2	37.7	47.4	21.0	31.3
田阳州	46.7	14.4	16.8	41.6	35.9	14.2	34.4	22.6	42.5	11.2	39.4	31.3
栗从云	45.3	27.2	13.9	25.9	14.7	17.2	46.9	34.3	37.5	31.4	22.9	11.5
劳谷雷	26.1	21.0	37.3	24.5	44.8	25.3	12.9	30.7	15.4	25.6	25.6	30.5
但白凡	23.3	38.6	48.1	25.6	15.5	50.0	45.0	21.4	18.7	35.5	43.9	49.0
尚飞雨	39.7	44.7	30.0	39.1	33.1	24.7	16.7	33.9	44.6	35.6	21.0	48.6

图4.42　"销售数据汇总表"效果图

　　打开素材.xlsx，对销售数据汇总表Sheet进行操作。

1. 分类汇总

　　选中 A3—N13，单击"数据"选项卡→"分级显示"组→"分类汇总"按钮，在弹出的对话框中分类字段选择"部门"，汇总方式选择"求和"，选定汇总项将 1 月-12 月全部勾选，选中"汇总结果显示在数据下方"复选框，单击"确定"按钮即可实现根据部门分类对单月销售数据求和汇总结果，步骤如图4.43所示。

图4.43　分类汇总设置

　　单击分级显示符号"2"，即可查看部门汇总结果，汇总结果如图4.44所示。

图 4.44　分类汇总结果

2. 合并计算

选中 A43，单击"数据"选项卡→"数据工具"→"合并计算"按钮，在弹出的对话框中函数选择"求和"，引用位置选中 B32—H42，单击"添加"按钮，选中 K32—Q42，再次单击"添加"按钮，标签位置勾选首行与最左列，最后单击"确定"按钮，即可完成销售数据分析表 1 与乱序的销售数据分析表 2 的合并，得到最终结果，如图 4.45 所示。

图 4.45　合并计算

➡ 任务巩固——制作销售数据汇总表

销售数据汇总表用于统计分析销售数据，简单函数的应用即可直观地展现结果。小傅在使用常见的函数之后，对月度销售峰值、谷值、平均值、年度销售总额及排名进行了统计，同时对业绩较差的项目负责人进行了预警。

任务巩固

"销售数据汇总表"效果图如图 4.46 所示。

销售数据分析表

制表人：凌寒烟　　　　　　　　　　　　　　　　　　　　　　　　　　　　　　　单位：万元

部门	项目负责人	1月	2月	3月	4月	5月	6月	7月	8月	9月	10月	11月	12月	销售总额	年度销售排名	业绩预警
深圳总部	布昆颖	24.4	31.1	44.8	30.6	25.3	25.4	44.4	49.6	35.2	24.0	18.8	25.5	379.1	3	
深圳总部	兴冷之	43.1	12.5	32.7	15.0	15.9	10.9	17.3	26.0	28.1	12.8	37.8	14.1	269.8	10	不合格
深圳总部	赵渔	11.3	39.0	48.6	49.7	38.2	30.8	19.3	46.8	11.0	10.5	20.6	11.9	337.7	7	
海外地区部	肖慈	31.3	38.0	11.7	49.0	37.9	31.7	13.9	37.0	25.7	25.9	24.7	32.7	359.5	4	
海外地区部	成弘大	19.2	31.4	41.7	15.4	25.4	24.1	10.2	43.2	37.7	47.4	21.0	31.3	348.0	6	
海外地区部	田阳州	46.7	14.4	16.8	41.6	35.9	14.2	34.4	22.6	42.5	11.2	39.4	31.3	351.0	5	
国际营销	栗从云	45.3	27.2	13.9	25.9	14.7	17.2	46.9	34.3	37.5	31.4	22.9	11.5	328.7	8	
国际营销	劳谷书	26.1	21.0	37.3	24.5	44.8	25.3	12.9	30.7	15.4	25.6	25.6	30.5	319.7	9	
国际营销	但白凡	23.3	38.6	48.1	25.6	15.5	50.0	45.0	21.4	18.7	35.5	43.9	49.0	414.6	1	
国际营销	尚飞雨	39.7	44.7	30.0	39.1	33.1	24.7	16.7	33.9	44.6	35.6	21.0	48.6	411.7	2	
月度销售峰值		46.7	44.7	48.6	49.7	44.8	50.0	46.9	49.6	44.6	47.4	43.9	49.0			
月度销售谷值		11.3	12.5	11.7	15.0	14.7	10.9	10.2	21.4	11.0	10.5	18.8	11.5			
月度销售平均值		31.0	29.8	32.6	31.6	29.0	25.4	26.1	34.6	29.6	26.0	27.6	28.6			

图 4.46　"销售数据汇总表"效果图

打开素材.xlsx，对销售数据汇总表 Sheet 进行操作。

1. 求和函数

选中 O4，输入"=SUM(C4:N4)"，按下 Enter 键并自动填充至 N13，计算销售总额，结果如图 4.47 所示。

销售数据分析表

制表人：凌寒烟　　　　　　　　　　　　　　　　　　　　　　　　　　　　　单位：万元

部门	项目负责人	1月	2月	3月	4月	5月	6月	7月	8月	9月	10月	11月	12月	销售总额	年度销售排名	业绩预警
深圳总部	布昆颜	24.4	31.1	44.8	30.6	25.3	25.4	44.4	49.6	35.2	24.0	18.8	25.5	379.1		
深圳总部	兴冷之	43.1	12.5	32.7	15.0	19.5	10.9	17.3	26.0	28.1	12.8	37.8	14.1	269.8		
深圳总部	赵澹	11.3	39.0	48.6	49.7	38.2	30.8	19.3	46.8	11.0	10.5	20.6	11.9	337.7		
海外地区部	肖慧	31.3	38.0	11.7	49.0	37.9	31.7	13.9	37.0	25.7	25.9	24.7	32.7	359.5		
海外地区部	成弘大	19.2	31.4	41.7	15.4	25.4	24.1	10.2	43.2	37.7	47.4	21.0	31.3	348.0		
海外地区部	田阳州	46.7	14.4	16.8	41.6	35.9	14.2	34.4	22.6	42.5	11.2	39.4	31.3	351.0		
国际营销	栗从云	45.3	27.2	13.9	25.9	14.7	17.2	46.9	34.3	37.5	31.4	22.9	11.5	328.7		
国际营销	劳谷雪	26.1	21.0	37.3	24.5	44.8	25.3	12.9	30.7	15.4	25.6	25.6	30.5	319.7		
国际营销	但白凡	23.3	38.6	48.1	25.6	15.5	50.0	45.0	21.4	18.7	35.5	43.9	49.0	414.6		
国际营销	尚飞雨	39.7	44.7	30.0	39.1	33.1	24.7	16.7	33.9	44.6	35.6	21.0	48.6	411.7		
月度销售峰值																
月度销售谷值																
月度销售平均值																

图 4.47　求和结果

2. 最大值函数

选中 C14，输入"=MAX(C4:C13)"，自动填充至 N14 可计算月度销售峰值，结果如图 4.48 所示。

深圳总部	布昆颜	24.4	31.1	44.8	30.6	25.3	25.4	44.4	49.6	35.2	24.0	18.8	25.5	379.1		
深圳总部	兴冷之	43.1	12.5	32.7	15.0	19.5	10.9	17.3	26.0	28.1	12.8	37.8	14.1	269.8		
深圳总部	赵澹	11.3	39.0	48.6	49.7	38.2	30.8	19.3	46.8	11.0	10.5	20.6	11.9	337.7		
海外地区部	肖慧	31.3	38.0	11.7	49.0	37.9	31.7	13.9	37.0	25.7	25.9	24.7	32.7	359.5		
海外地区部	成弘大	19.2	31.4	41.7	15.4	25.4	24.1	10.2	43.2	37.7	47.4	21.0	31.3	348.0		
海外地区部	田阳州	46.7	14.4	16.8	41.6	35.9	14.2	34.4	22.6	42.5	11.2	39.4	31.3	351.0		
国际营销	栗从云	45.3	27.2	13.9	25.9	14.7	17.2	46.9	34.3	37.5	31.4	22.9	11.5	328.7		
国际营销	劳谷雪	26.1	21.0	37.3	24.5	44.8	25.3	12.9	30.7	15.4	25.6	25.6	30.5	319.7		
国际营销	但白凡	23.3	38.6	48.1	25.6	15.5	50.0	45.0	21.4	18.7	35.5	43.9	49.0	414.6		
国际营销	尚飞雨	39.7	44.7	30.0	39.1	33.1	24.7	16.7	33.9	44.6	35.6	21.0	48.6	411.7		
月度销售峰值		46.7	44.7	48.6	49.7	44.8	50.0	46.9	49.6	44.6	47.4	43.9	49.0			
月度销售谷值																
月度销售平均值																

图 4.48　最大值操作结果

3. 最小值函数

选中 C15，输入"=MIN(C4:C13)"，自动填充至 N15 可计算月度销售谷值，结果如图 4.49 所示。

销售数据分析表

制表人：凌寒烟　　　　　　　　　　　　　　　　　　　　　　　　　　　　　单位：万元

部门	项目负责人	1月	2月	3月	4月	5月	6月	7月	8月	9月	10月	11月	12月	销售总额	年度销售排名	业绩预警
深圳总部	布昆颜	24.4	31.1	44.8	30.6	25.3	25.4	44.4	49.6	35.2	24.0	18.8	25.5	379.1		
深圳总部	兴冷之	43.1	12.5	32.7	15.0	19.5	10.9	17.3	26.0	28.1	12.8	37.8	14.1	269.8		
深圳总部	赵澹	11.3	39.0	48.6	49.7	38.2	30.8	19.3	46.8	11.0	10.5	20.6	11.9	337.7		
海外地区部	肖慧	31.3	38.0	11.7	49.0	37.9	31.7	13.9	37.0	25.7	25.9	24.7	32.7	359.5		
海外地区部	成弘大	19.2	31.4	41.7	15.4	25.4	24.1	10.2	43.2	37.7	47.4	21.0	31.3	348.0		
海外地区部	田阳州	46.7	14.4	16.8	41.6	35.9	14.2	34.4	22.6	42.5	11.2	39.4	31.3	351.0		
国际营销	栗从云	45.3	27.2	13.9	25.9	14.7	17.2	46.9	34.3	37.5	31.4	22.9	11.5	328.7		
国际营销	劳谷雪	26.1	21.0	37.3	24.5	44.8	25.3	12.9	30.7	15.4	25.6	25.6	30.5	319.7		
国际营销	但白凡	23.3	38.6	48.1	25.6	15.5	50.0	45.0	21.4	18.7	35.5	43.9	49.0	414.6		
国际营销	尚飞雨	39.7	44.7	30.0	39.1	33.1	24.7	16.7	33.9	44.6	35.6	21.0	48.6	411.7		
月度销售峰值		46.7	44.7	48.6	49.7	44.8	50.0	46.9	49.6	44.6	47.4	43.9	49.0			
月度销售谷值		11.3	12.5	11.7	15.0	14.7	10.9	10.2	21.4	11.0	10.5	18.8	11.5			
月度销售平均值																

图 4.49　最小值操作结果

4. 平均值函数

选中 C16，输入"=AVERAGE(C4:C13)"，自动填充至 N16 可计算月度销售平均值，结果如图 4.50 所示。

销售数据分析表

制表人：凌寒烟

单位：万元

部门	项目负责人	1月	2月	3月	4月	5月	6月	7月	8月	9月	10月	11月	12月	销售总额	年度销售排名	业绩预警
深圳总部	布昆颛	24.4	31.1	44.8	30.6	25.3	25.4	44.4	49.6	35.2	24.0	18.8	25.5	379.1		
深圳总部	兴冷之	43.1	12.5	32.7	15.0	19.5	10.9	17.3	26.0	28.1	12.8	37.8	14.1	269.8		
深圳总部	赵渝	11.3	39.0	48.6	49.7	38.2	30.8	19.3	46.8	11.0	10.5	20.6	11.9	337.7		
海外地区部	肖慈	31.3	38.0	11.7	49.0	37.9	31.7	13.9	37.0	25.7	25.9	24.7	32.7	359.5		
海外地区部	成弘大	19.2	31.4	41.7	15.4	25.4	24.1	10.2	43.2	37.7	47.4	21.0	31.3	348.0		
海外地区部	田阳州	46.7	14.4	16.8	41.6	35.9	14.2	34.4	22.6	42.5	11.2	39.4	31.3	351.0		
国际营销	栗从云	45.3	27.2	13.9	25.9	14.7	17.2	46.9	34.3	37.5	31.4	22.9	11.5	328.7		
国际营销	劳谷雷	26.1	21.0	37.3	24.5	44.8	25.3	12.9	30.7	15.4	25.6	25.6	30.5	319.7		
国际营销	但白凡	23.3	38.6	48.1	25.6	15.5	50.0	45.0	21.4	18.7	35.5	43.9	49.0	414.6		
国际营销	尚飞雨	39.7	44.7	30.0	39.1	33.1	24.7	16.7	33.9	44.6	35.6	21.0	48.6	411.7		
月度销售峰值		46.7	44.7	48.6	49.7	44.8	50.0	46.9	49.6	44.6	47.4	43.9	49.0			
月度销售谷值		11.3	12.5	11.7	15.0	14.7	10.9	10.2	21.4	11.0	10.5	18.8	11.5			
月度销售平均值		31.0	29.8	32.6	31.6	29.0	25.4	26.1	34.6	29.6	26.0	27.6	28.6			

图 4.50　平均操作结果

5. 排名函数

选中 P3，输入"=RANK(O4,$O$4:$O$13)"，自动填充至 P13 可计算年度销售排名，结果如图 4.51 所示。

销售数据分析表

制表人：凌寒烟

部门	项目负责人	1月	2月	3月	4月	5月	6月	7月	8月	9月	10月	11月	12月	销售总额	年度销售排名
深圳总部	布昆颛	24.4	31.1	44.8	30.6	25.3	25.4	44.4	49.6	35.2	24.0	18.8	25.5	379.1	3
深圳总部	兴冷之	43.1	12.5	32.7	15.0	19.5	10.9	17.3	26.0	28.1	12.8	37.8	14.1	269.8	10
深圳总部	赵渝	11.3	39.0	48.6	49.7	38.2	30.8	19.3	46.8	11.0	10.5	20.6	11.9	337.7	7
海外地区部	肖慈	31.3	38.0	11.7	49.0	37.9	31.7	13.9	37.0	25.7	25.9	24.7	32.7	359.5	4
海外地区部	成弘大	19.2	31.4	41.7	15.4	25.4	24.1	10.2	43.2	37.7	47.4	21.0	31.3	348.0	6
海外地区部	田阳州	46.7	14.4	16.8	41.6	35.9	14.2	34.4	22.6	42.5	11.2	39.4	31.3	351.0	5
国际营销	栗从云	45.3	27.2	13.9	25.9	14.7	17.2	46.9	34.3	37.5	31.4	22.9	11.5	328.7	8
国际营销	劳谷雷	26.1	21.0	37.3	24.5	44.8	25.3	12.9	30.7	15.4	25.6	25.6	30.5	319.7	9
国际营销	但白凡	23.3	38.6	48.1	25.6	15.5	50.0	45.0	21.4	18.7	35.5	43.9	49.0	414.6	1
国际营销	尚飞雨	39.7	44.7	30.0	39.1	33.1	24.7	16.7	33.9	44.6	35.6	21.0	48.6	411.7	2
月度销售峰值		46.7	44.7	48.6	49.7	44.8	50.0	46.9	49.6	44.6	47.4	43.9	49.0		
月度销售谷值		11.3	12.5	11.7	15.0	14.7	10.9	10.2	21.4	11.0	10.5	18.8	11.5		
月度销售平均值		31.0	29.8	32.6	31.6	29.0	25.4	26.1	34.6	29.6	26.0	27.6	28.6		

图 4.51　排名函数结果

6. IF 函数

选中 Q4，输入"=IF(O4<=300,"不合格","")"，自动填充 Q13 可计算业绩预警，同时通过条件格式，建立规则，若不合格将填充颜色设置为红色，字体颜色设置为白色，即可得到最终结果。

任务 3　制作人事信息数据表

➜ 任务目标

❖ 掌握 Excel 2019 中公式的使用

❖ 掌握 Excel 2019 中常用函数的使用

❖ 掌握 Excel 2019 中单元格的引用操作

➜ 任务场景

年底，各个部门都在忙着做总结，综合管理部的小曹负责计算员工薪酬，他知道小傅擅长使用办公软件，于是向他请教人事信息数据的处理方法。人事信息数据是企业进行人事管理的基础和依据，科学准确的人事信息表可以帮助企业管理者进行有效的管理。而员工工资薪酬关乎员工基本利益，影响员工工作积极性和工作效率，关系到企业是否能良性发展。因此，公司要求对当前的员工信息表和工资表进行科学管理，小傅首先帮忙完善了人事数据表格的字段信息，然后利用高效的数学函数完成了信息查询和薪资计算。

→ 任务准备

任务准备

4.3.1　使用公式

公式是一个以等号开头的等式，通过对数据进行加、减、乘、除等运算，对单元格中的数据进行分析。公式可以引用同一工作表中的其他单元格、同一工作簿中不同工作表的单元格，也可以引用其他工作簿中工作表的单元格。

公式的运算按照运算符进行，Excel 中的运算符有 4 类：算术运算符、比较运算符、文本运算符和引用运算符。

1．算术运算符

算术运算符包括加（+）、减（-）、乘（*）、除（/）、百分数（%）和乘方（^），适合各种基本的数学运算。算术运算符中优先级最高的是百分数（%），然后依次是乘方（^）、乘（*）和除（/）、加（+）和减（-）。

2．比较运算符

比较运算符包括等于（=）、大于（>）、小于（<）、大于等于（>=）、小于等于（<=）和不等于（<>）。比较运算符的作用是将两个值进行比较，运算结果为一个逻辑值 TRUE 或 FALSE。其中 TRUE 表示条件成立，FALSE 表示条件不成立。

3．文本运算符

文本运算符只有一个，即文本连接符（&），它的作用是将一个或多个文本数据连接成一个组合文本。例如，在单元格中输入"="Office"& "2019""后回车，产生的结果为"Office2019"。

4．引用运算符

引用运算符的作用是进行引用，使用它可以对单元格去进行合并计算。引用运算符包括冒号（:）、逗号（,）、空格和感叹号（!）。

冒号（:）表示连续区域运算符，它的作用是对两个引用之间的所有单元格进行引用。例如，A1:B2 表示对 A1、A2、B1、B2 四个单元格进行引用。

逗号（,）表示合并运算符，它的作用是将多个引用合并为一个引用。例如，"A1:A2,B1:B2"表示对 A1、A2、B1、B2 四个单元格的引用。

空格表示交叉运算符，它的作用是取多个引用的交集作为一个引用。例如，"A1:B2 B1:C2"表示对 B1、B2 两个单元格的引用。

感叹号表示三维引用运算符，它的作用是引用另外一张工作表的数据。例如"Sheet2!A1:A3"表示对 Sheet2 这张表中 A1、A2、A3 单元格的引用。

4.3.2　使用函数

函数是一个预先定义的特定计算公式，按照这个特定的计算公式对一个或多个参数进行计算，得出一个或多个计算的结果，叫作函数值。使用函数进行计算可以大大提高工作效率。Excel 中内置的函数主要包括财务函数、日期和时间函数、数学及三角函数、统计函数、文本函数、逻辑函数、信息函数、工程函数等。

函数的语法格式为：

函数名(参数 1,参数 2,……)

函数名用来标记该函数，参数根据不同的函数确定，数量可以是 0 个或多个，内容可以是数字、文本、True 或 False 的逻辑值、数组、公式或其他函数等。

下面介绍几个重要的常用函数。

1. SUMIF 函数

SUMIF 函数的功能是对范围中符合指定条件的值求和，语法格式如下：

SUMIF(range,criteria,[sum_range])

其中，range 表示按照条件求值的单元格区域；criteria 表示条件，其形式可以是数字、表达式、单元格引用、文本或函数；sum_range 是可选参数，表示实际求和区域，如果省略，默认是 range 指定的区域，如图 4.52 所示。

图 4.52　SUMIF 函数对话框

2. COUNTIF 函数

COUNTIF 函数的功能是统计满足某个条件的单元格的数量，语法格式如下：

COUNTIF(range,criteria)

其中，range 表示按照条件统计的单元格区域。criteria 表示条件，其形式可以是数字、表达式、单元格引用、文本或函数，如图 4.53 所示。

图 4.53　COUNTIF 函数对话框

3. IFS 函数

IFS 函数的功能是检查是否满足一个或多个条件，返回符合第一个 TRUE 条件的值。 IFS 可以取代多个嵌套 IF 语句。语法格式如下：

IFS(logical_test1,value_if_true1[,logical_test2,value_if_true2][,logical_test3,value_if_true3]
……)

IFS 函数允许测试最多 127 个不同的条件，如图 4.54 所示。

图 4.54　IFS 函数对话框

4. IFERROR 函数

IFERROR 函数的功能是捕获和处理公式中的错误，IFERROR 返回公式计算结果为错误时指定的值；否则，它将返回公式的结果。语法格式如下：

IFERROR(value,value_if_error)

其中，value 表示检查是否存在错误的参数；value_if_error 表示公式计算结果为错误时要返回的值，如图 4.55 所示。

图 4.55　IFERROR 函数对话框

5. REPLACE 函数

REPLACE 函数的功能是进行字符替换。语法格式如下：

REPLACE(old_text,start_num,num_chars,new_text)

其中，old_text 表示要进行字符替换的文本；start_num 表示要替换为 new_text 的字符在旧文本中的位置；num_chars 表示要从 old_text 中替换的字符个数；new_text 表示对 old_text 中字符进行替换的字符串，如图 4.56 所示。

图 4.56　REPLACE 函数对话框

6. MID 函数

MID 函数的功能是提取文本字符串中指定位置开始的特定数目的字符。语法格式如下：

MID(text,start_num,num_chars)

其中，text 表示目标文本字符串；start_num 表示准备提取的第一个字符的位置，text 中第一个字符位置为 1；num_chars 表示所要提取的字符串的长度，如图 4.57 所示。

图 4.57　MID 函数对话框

7. TEXT 函数

TEXT 函数的功能是根据指定的数字格式将数值转化成文本，语法格式如下：

TEXT(value,format_text)

其中，value 表示数字，能够求值的数值公式，或者对数值单元格的引用；format_text 表示文字形式的数据格式，如图 4.58 所示。

图 4.58　TEXT 函数对话框

8. VLOOKUP 函数

VLOOKUP 函数是一个纵向查找函数，按列查找，最终返回该列所需查询序列对应的值。语法格式如下：

> VLOOKUP(lookup_value,table_array,col_index_num,range_lookup)

其中，lookup_value 表示需要在数据表首列进行搜索的值，可以是数值、引用或字符串；table_array 表示要在其中搜索数据的文字、数字或逻辑值表；col_index_num 表示返回匹配值在 table_array 中的列序号，range_lookup 表示匹配方式，精确匹配用 FALSE，模糊匹配用 TRUE 或省略，如图 4.59 所示。

图 4.59　VLOOKUP 函数对话框

9. HLOOKUP 函数

HLOOKUP 函数是一个横向查找函数，按行查找，最终返回该行所需查询序列对应的值。语法格式如下：

> HLOOKUP(lookup_value,table_array,row_index_num,range_lookup)

其中，lookup_value 表示需要在数据表首行进行搜索的值，可以是数值、引用或字符串；table_array 表示要在其中搜索数字的区域；row_index_num 表示返回匹配值在 table_array 中的行序号，range_lookup 表示匹配方式，精确匹配用 FALSE，模糊匹配用 TRUE 或省略，如图 4.60 所示。

图 4.60　HLOOKUP 函数对话框

4.3.3　常见出错信息

当某单元格的公式无法正确计算时，Excel 将在此单元格中显示一个错误值，公式产生错误的原因一般包括以下几种情况。

（1）####：单元格所含的数字、日期或时间值的数据宽度超过了单元格的宽度。解决的方法可以适当增加单元格的宽度。

（2）#DIV/0!：除数为0。在公式中，除数使用了指向空白单元格或者包含零值的单元格引用。解决的方法是修改单元格的引用，或者在用作除数的单元格中输入不为零的值。

（3）#/A：在函数和公式中没有可用的数值可以引用。解决的方法是检查公式中引用单元格的数据，并正确输入。

（4）#NAME？：删除了公式中使用的名称或者使用了未定义的名称或不存在的单元格区域名。解决的方法是确认使用的名称确实存在。

（5）#VALUE!：文本类型的数据参与了运算，Excel不能将文本转换为正确的数据类型。解决的方法是确认公式、函数所需的运算符或参数正确，并且公式引用的单元格中包含有效数值。也可以用IFERROR函数将错误结果不显示。

（6）#REF!：引用了无效的单元格，如该单元格被删除时，出现这种错误。解决的方法是检查引用的单元格是否被删除。

（7）#NUM!：在需要数字参数的函数中使用了不能接受的参数或公式产生的数字太大或太小，Excel不能表示。解决的方法是检查数字是否超出限定区域，函数内的参数是否正确。

（8）#NULL!：在公式中引用单元格区域时，未加正确的区域运算符，产生了空的引用区域。解决的方法是，如果引用连续的单元格区域，需要用冒号（:）来分割第一个单元格和最后一个单元格。如果是引用不相交的单元格区域，需要用逗号（,）来分割两个区域。

➜ 任务演练——管理员工信息表

任务要求

小傅先帮小曹对人事数据信息完善了字段信息，但考虑到公司的快速发展，新晋员工人数逐年增长，小傅升级了员工编号；然后，根据已有的身份证信息，利用函数提炼每个员工的生日、年龄和工龄信息，并且对所有员工的学历信息做了简单统计。

任务演练

任务效果如图4.61和图4.62所示。

序号	员工编号	员工编号升级	所属部门	员工姓名	身份证号	出生年月	年龄	性别	联系号码	参加工作时间	工龄	学历	职务	岗位级别
1	A1001	A01001	市场部	王新亮	421081199402080612	1994年02月	27	男	13456782345	2017年9月	4	本科	市场专员	8级
2	A1002	A01002	销售部	李晓红	330302197804050608	1978年04月	43	女	18925635748	1998年6月	23	本科	经理	5级
3	A1003	A01003	研发部	王佳佳	330324198810112486	1988年10月	33	女	13588439256	2005年6月	16	本科	经理	6级
4	A1004	A01004	销售部	张昊	330304199003062573	1990年03月	31	男	18205776565	2016年7月	5	本科	销售员	9级
5	A1005	A01005	研发部	程立新	330306199206070211	1992年06月	29	男	13456782345	2018年9月	3	研究生	技术员	9级
6	A1006	A01006	研发部	朱雅迪	361081199102080602	1991年02月	30	女	18925635748	2015年6月	6	研究生	技术员	8级
7	A1007	A01007	市场部	张可欣	330302197804050608	1978年04月	43	女	13588439256	1997年6月	24	专科	市场专员	9级
8	A1008	A01008	市场部	成城	330324198805262473	1988年05月	33	男	18205776565	2011年8月	10	本科	市场专员	9级
9	A1009	A01009	市场部	李莎	330304199003062564	1990年03月	31	女	13456782345	1988年7月	33	研究生	主管	6级
10	A1010	A01010	人事部	刘建国	330306199602100211	1969年02月	52	男	18925635748	1998年6月	23	本科	文员	9级
11	A1011	A01011	市场部	叶莎莎	330302197904050608	1979年04月	42	女	13588439256	1999年6月	22	本科	市场专员	9级
12	A1012	A01012	市场部	李月燕	330324198811112426	1988年11月	33	女	18205776565	2007年5月	14	研究生	市场专员	9级
13	A1013	A01013	人事部	郭靓洁	330304199003062523	1990年03月	31	女	13456782345	2017年8月	4	本科	助理	9级
14	A1014	A01014	市场部	吴文文	330306199402230200	1994年02月	27	女	18925635748	2009年7月	12	本科	市场专员	9级

员工信息表

图4.61　员工信息表效果

学历统计		年龄层统计	
学历	人数	年龄	人数
专科	7	<=25岁	0
本科	23	26岁至35岁	27
研究生	10	>=36岁	13

图4.62　员工信息表中统计的效果

实施思路

准备好素材文件："管理人事表格数据-源数据.xlsx"—"员工信息表"工作表。

1. 员工编号升级

员工编号由原来的 5 位升级成 6 位，升级规则是在字符 A 后面加上一个 0，例如，A1005 升级后变成 A01005。

（1）选中 C3 单元格，单击"公式"选项卡 →"函数库"组→"插入函数"按钮，弹出"插入函数"对话框，在"搜索函数"文本框中输入"REPLACE"，单击"转到"按钮，选中 REPLACE 函数，单击"确定"按钮，弹出"函数参数"对话框，在对话框中输入参数内容，如图 4.63 所示，单击"确定"按钮，得到员工"王新亮"升级后的员工编号，结果如图 4.64 所示。

图 4.63　REPLACE 函数对话框　　　　　图 4.64　升级员工编号

（2）将光标指针移至 C3 单元格右下角，当光标指针变为实心十字形时，双击鼠标，进行公式填充，升级其余员工编号。

2. 提取员工出生年月

身份证号包含了员工的出生日期，用函数 MID 将出生日期进行提取，并按"××××年××月"的格式显示。

（1）选中 G3 单元格，单击"公式"选项卡→"函数库"组→"插入函数"按钮，弹出"插入函数"对话框，在"搜索函数"文本框中输入"MID"，单击"转到"按钮，选中 MID 函数，单击"确定"按钮，弹出"函数参数"对话框，在对话框中输入参数内容，如图 4.65 所示，按 Enter 键得到员工"王新亮"的出生年月，结果如图 4.66 所示。

图 4.65　MID 函数对话框　　　　　　图 4.66　提取出生年月

（2）选中 G3 单元格，在编辑栏中编辑 TEXT 公式"=TEXT(MID(F3,7,6),"0 年 00 月")"，按 Enter 键得到员工"王新亮"指定格式的出生年月，如图 4.67 所示。

（3）将鼠标指针移至 G3 单元格右下角，当鼠标指针变为实心十字形时，双击鼠标，进行公式填充，提取和转换其他员工的出生日期。

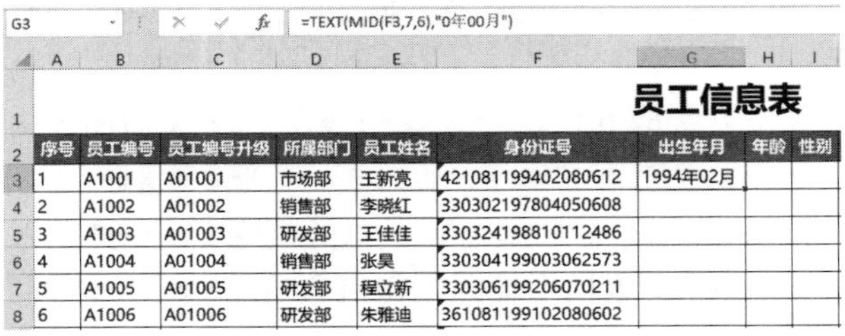

G3 =TEXT(MID(F3,7,6),"0年00月")

员工信息表								
序号	员工编号	员工编号升级	所属部门	员工姓名	身份证号	出生年月	年龄	性别
1	A1001	A01001	市场部	王新亮	421081199402080612	1994年02月		
2	A1002	A01002	销售部	李晓红	330302197804050608			
3	A1003	A01003	研发部	王佳佳	330324198810112486			
4	A1004	A01004	销售部	张昊	330304199003062573			
5	A1005	A01005	研发部	程立新	330306199206070211			
6	A1006	A01006	研发部	朱雅迪	361081199102080602			

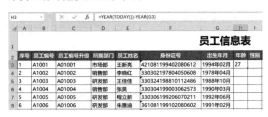

图 4.67　格式化员工出生年月

3. 计算年龄和工龄

（1）选中 H3 单元格，在编辑栏中输入公式“=YEAR(TODAY())-YEAR(G3)”，其中 TODAY() 表示取当前日期，此处是 2021 年的一天，按 Enter 键得到员工“王新亮”的年龄，如图 4.68 所示。并进行公式填充，计算出其他员工的年龄。

H3 =YEAR(TODAY())-YEAR(G3)

员工信息表								
序号	员工编号	员工编号升级	所属部门	员工姓名	身份证号	出生年月	年龄	性别
1	A1001	A01001	市场部	王新亮	421081199402080612	1994年02月	27	
2	A1002	A01002	销售部	李晓红	330302197804050608	1978年04月		
3	A1003	A01003	研发部	王佳佳	330324198810112486	1988年10月		
4	A1004	A01004	销售部	张昊	330304199003062573	1990年03月		
5	A1005	A01005	研发部	程立新	330306199206070211	1992年06月		
6	A1006	A01006	研发部	朱雅迪	361081199102080602	1991年02月		

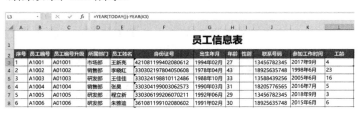

图 4.68　计算员工年龄

（2）选中 L3 单元格，参考上面的操作进行工龄计算，并将计算结果数据类型设置成常规，得到员工的工龄，结果如图 4.69 所示。

L3 =YEAR(TODAY())-YEAR(K3)

员工信息表											
序号	员工编号	员工编号升级	所属部门	员工姓名	身份证号	出生年月	年龄	性别	联系号码	参加工作时间	工龄
1	A1001	A01001	市场部	王新亮	421081199402080612	1994年02月	27		13456782345	2017年9月	4
2	A1002	A01002	销售部	李晓红	330302197804050608	1978年04月	43		18925635748	1998年6月	23
3	A1003	A01003	研发部	王佳佳	330324198810112486	1988年10月	33		13588439256	2005年6月	16
4	A1004	A01004	销售部	张昊	330304199003062573	1990年03月	31		18205776565	2016年7月	5
5	A1005	A01005	研发部	程立新	330306199206070211	1992年06月	29		13456782345	2018年9月	3
6	A1006	A01006	研发部	朱雅迪	361081199102080602	1991年02月	30		18925635748	2015年6月	6

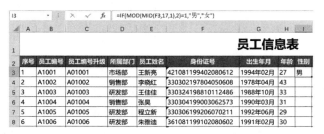

图 4.69　计算员工工龄

4. 提取性别

选中 I3 单元格，在编辑栏中输入公式“=IF(MOD(MID(F3,17,1),2)=1,"男","女")”，按 Enter 键得到员工“王新亮”的性别，如图 4.70 所示，并进行公式填充，提取出其他员工的性别。

I3 =IF(MOD(MID(F3,17,1),2)=1,"男","女")

员工信息表								
序号	员工编号	员工编号升级	所属部门	员工姓名	身份证号	出生年月	年龄	性别
1	A1001	A01001	市场部	王新亮	421081199402080612	1994年02月	27	男
2	A1002	A01002	销售部	李晓红	330302197804050608	1978年04月	43	
3	A1003	A01003	研发部	王佳佳	330324198810112486	1988年10月	33	
4	A1004	A01004	销售部	张昊	330304199003062573	1990年03月	31	
5	A1005	A01005	研发部	程立新	330306199206070211	1992年06月	29	
6	A1006	A01006	研发部	朱雅迪	361081199102080602	1991年02月	30	

图 4.70　提取员工性别

5．统计学历分布

（1）选中 T11 单元格，单击"公式"选项卡→"函数库"组→"插入函数"按钮，弹出"插入函数"对话框，在"搜索函数"文本框中输入"COUNTIF"，单击"转到"按钮，选中 COUNTIF 函数，单击"确定"按钮，弹出"函数参数"对话框，在对话框中输入参数内容，如图 4.71 其中，对计算区域 M3:M42 使用绝对引用。单击"确定"按钮，得到专科学历的人数，效果如图 4.72 所示。

图 4.71　COUNTIF 函数对话框

学历统计	
学历	人数
专科	7
本科	
研究生	

图 4.72　统计专科学历人数

（2）将光标指针移至 T11 单元格右下角，当光标指针变为实心十字形时，双击鼠标，进行公式填充，完成其他学历的统计。

6．统计年龄层分布

（1）选中 T18 单元格，在编辑栏中输入公式："=COUNTIF(H3:H42,"<=25")"，按 Enter 键得到"<=25 岁"年龄层的人数，如图 4.73 所示。

（2）选中 T19 单元格，在编辑栏中输入公式："=COUNTIF(H3:H42,"<=35")-COUNTIF(H3:H42,"<=25")"，按 Enter 键得到"26 岁至 35 岁"年龄层的人数，如图 4.74 所示。

（3）选中 T20 单元格，在编辑栏输入公式："=COUNTIF(H3:H42,">=36")"，按 Enter 键得到">=36 岁"年龄层的人数，如图 4.75 所示。

年龄层统计	
年龄	人数
<=25岁	0
26岁至35岁	
>=36岁	

图 4.73　统计"<=25 岁"人数

年龄层统计	
年龄	人数
<=25岁	0
26岁至35岁	27
>=36岁	

图 4.74　统计 26 岁至 35 岁人数

年龄层统计	
年龄	人数
<=25岁	0
26岁至35岁	27
>=36岁	13

图 4.75　统计">=36 岁"人数

⬅ 任务拓展——管理员工工资表

任务要求

工资薪酬关乎员工基本利益，影响员工工作积极性和工作效率，关系到企业是否能良性发展，但是薪酬的计算规则复杂，项目繁多，工作量较大。小傅利用 Excel 中的 VLOOKUP、HLOOKUP、IFS 等函数，对员工工资表进行制作管理，简单而且高效。"员工工资表"效果图 4.76 所示。

任务拓展

图 4.76　"员工工资表"效果图

实施思路

准备好素材文件："管理人事表格数据-源数据.xlsx"—"员工工资表"工作表。

1. 关联员工信息表，查找员工岗级

（1）选中 E4 单元格，单击"公式"选项卡→"函数库"组→"插入函数"按钮，弹出"插入函数"对话框，在"搜索函数"文本框中输入"VLOOKUP"，单击"转到"按钮，选中 VLOOKUP 函数，单击"确定"按钮，弹出"函数参数"对话框，在对话框中输入参数内容，如图 4.77 所示，按 Enter 键得到员工"王新亮"的岗级，如图 4.78 所示。

图 4.77　VLOOKUP 参数设置

图 4.78　关联员工岗级信息

（2）进行公式填充，得到其他员工岗级数据。

2. 计算判定员工岗位工资

（1）选中 G4 单元格，在编辑栏中输入 IFS 公式"=IFS(E4="9 级",1000,E4="8 级",1500,E4="7

级",2000,E4="6 级",2500,E4="5 级",3000)"，按 Enter 键得到员工"王新亮"的岗位工资。

G4			f_x =IFS(E4="9级",1000,E4="8级",1500,E4="7级",2000,E4="6级",2500,E4="5级",3000)											

表格标题：**员工工资表**

A	B	C	D	E	F	G	H	I	J	K	L	M	N
单位名称: XX科技有限公司									日期: XXXX年XX月XX日				
员工编号	员工姓名	部门	职务	岗级	基本工资	岗位工资	补贴	奖金	应发工资	社保扣款	考勤扣款	所得税扣款	实发工资
A1001	王新亮	市场部	市场专员	8级	4000.00	1500.00		3000.00		2000.00		400.00	
A1002	李晓红	销售部	经理	5级	4000.00			4000.00		3000.00		600.50	
A1003	王佳佳	研发部	经理	6级	4000.00			4000.00		3000.00		400.00	
A1004	张昊	销售部	销售员	9级	4000.00			2500.00		2000.00		400.00	
A1005	程立新	研发部	技术员	9级	4000.00			2500.00		2000.00		400.00	
A1006	朱雅迪	研发部	技术员	8级	4000.00			3000.00		2000.00		400.00	
A1007	张可欣	市场部	市场专员	9级	4000.00			3000.00		2000.00		400.00	
A1008	成城	市场部	市场专员	9级	4000.00			3000.00		2000.00		400.00	
A1009	李莎	市场部	主管	6级	4000.00			4000.00		2000.00		400.00	
A1010	刘建国	人事部	文员	9级	4000.00			2000.00		2000.00		400.00	
A1011	叶莎莎	市场部	市场专员	9级	4000.00			3000.00		2000.00		400.00	

图 4.79　判定员工岗位工资

（2）进行公式填充，计算其他员工的岗位工资。

3. 关联补贴金额表，查找员工补贴

（1）选中 H4 单元格，单击"公式"选项卡→"函数库"组→"插入函数"按钮，弹出"插入函数"对话框，在"搜索函数"文本框中输入"HLOOKUP"，单击"转到"按钮，选中 HLOOKUP 函数，单击"确定"按钮，弹出"函数参数"对话框，在对话框中输入参数内容，如图 4.80 所示，按 Enter 键得到员工"王新亮"的补贴金额。

图 4.80　HLOOKUP 参数设置

（2）选中 H4 单元格，编辑公式为"=IFERROR(HLOOKUP(D4,$P$5:$U$6,2,FALSE),0)"在编辑栏中添加 IFERROR 函数，对未查找到的结果指定为 0，如图 4.81 所示。

H4			f_x =IFERROR(HLOOKUP(D4,$P$5:$U$6,2,FALSE),0)											

表格标题：**员工工资表**

A	B	C	D	E	F	G	H	I	J	K	L	M	N
单位名称: XX科技有限公司									日期: XXXX年XX月XX日				
员工编号	员工姓名	部门	职务	岗级	基本工资	岗位工资	补贴	奖金	应发工资	社保扣款	考勤扣款	所得税扣款	实发工资
A1001	王新亮	市场部	市场专员	8级	4000.00	1500.00	400.00	3000.00		2000.00		400.00	
A1002	李晓红	销售部	经理	5级	4000.00	3000.00		4000.00		3000.00		600.50	
A1003	王佳佳	研发部	经理	6级	4000.00	2500.00		4000.00		3000.00		400.00	
A1004	张昊	销售部	销售员	9级	4000.00	1000.00		2500.00		2000.00		400.00	
A1005	程立新	研发部	技术员	9级	4000.00	1000.00		2500.00		2000.00		400.00	
A1006	朱雅迪	研发部	技术员	8级	4000.00	1500.00		3000.00		2000.00		400.00	
A1007	张可欣	市场部	市场专员	9级	4000.00	1000.00		3000.00		2000.00		400.00	
A1008	成城	市场部	市场专员	9级	4000.00	1000.00		3000.00		2000.00		400.00	
A1009	李莎	市场部	主管	6级	4000.00	2500.00		4000.00		2000.00		400.00	
A1010	刘建国	人事部	文员	9级	4000.00	1000.00		2000.00		2000.00		400.00	
A1011	叶莎莎	市场部	市场专员	9级	4000.00	1000.00		3000.00		2000.00		400.00	

图 4.81　关联员工补贴

（3）进行公式填充，完成查找其他员工补贴金额。

4. 计算应发工资

应发工资=基本工资+岗位工资+补贴+奖金。

（1）选中 J4 单元格，在编辑栏中输入 SUM 公式，如图 4.82 所示。

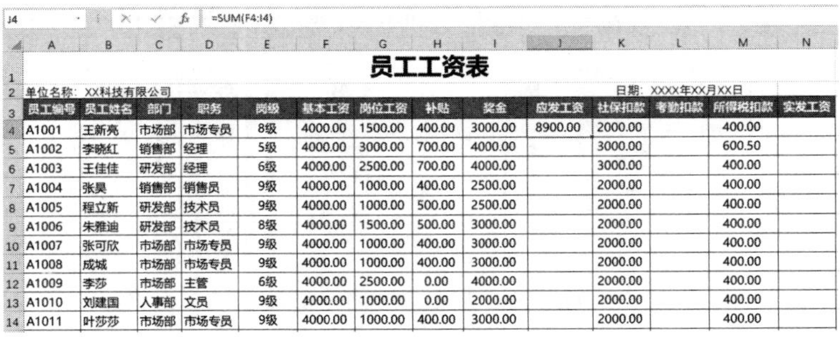

图 4.82　计算应发工资

（2）继续进行公式填充，完成对其他员工应发工资的计算。

5. 计算考勤扣款

关联考勤汇总表，查找计算考勤扣款，考勤扣款=缺勤总计次数×200 元

（1）选中 L4 单元格，在编辑栏中输入 VLOOKUP 和 IFERROR 公式"=IFERROR(VLOOKUP
(A4,\$Q\$10:\$U\$16,5,FALSE),0)*200"，按 Enter 键得到员工"王新亮"的个人考勤扣款，如图 4.83
所示。

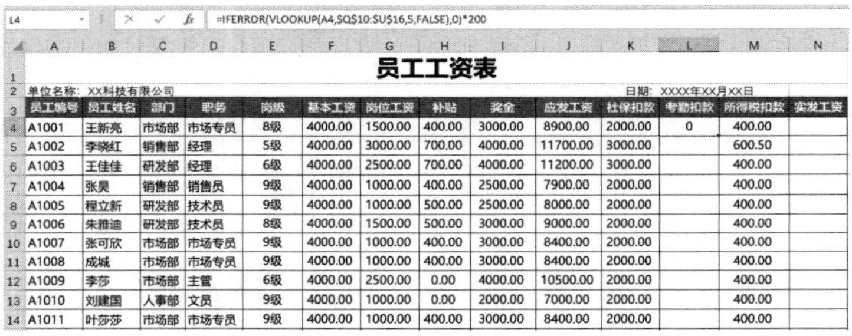

图 4.83　计算考勤扣款

（2）继续进行公式填充，计算其他员工的考勤扣款。

6. 计算实发工资

实发工资=应发工资-社保扣款-考勤扣款-所得税扣款

（1）选中 N4 单元格，在编辑栏中输入公式"=J4-K4-L4-M4"，按 Enter 键得到员工"王新
亮"的实发工资，如图 4.84 所示。

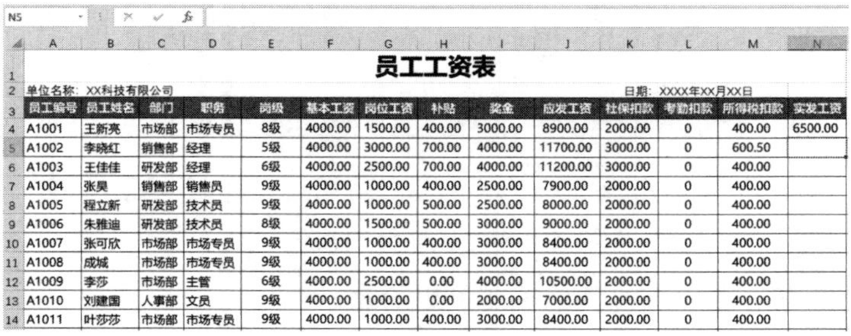

图 4.84　计算实发工资

（2）继续进行公式填充，计算其他员工的实发工资。

➡ 任务巩固——制作员工工资查询系统

为了方便小曹以后的工作，小傅还特地使用查找函数和数据有效性等技术，为他设计了一个简易的工资查询系统，可以根据员工编号自动关联员工的薪资信息，简化工作流程。

任务巩固

"员工工资查询系统"效果如图 4.85 所示。

员工工资查询系统			
员工工号	A1002		
员工姓名	A1003 A1004 A1005 A1006 A1007 A1008 A1009		
基本工资			
应发工资			

员工工资查询系统			
员工工号	A1002		
员工姓名	李晓红	部门	销售部
基本工资	4000	岗位工资	3000
应发工资	11700	实发工资	8099.5

图 4.85 "员工工资查询系统"效果图

任务 4 　制作销售数据统计图表

➡ 任务目标

- ❖ 掌握 Excel 2019 中图表的创建方法
- ❖ 掌握 Excel 2019 中图表的编辑方法
- ❖ 掌握 Excel 2019 中图表的格式化方法

➡ 任务场景

组长查阅了小傅的年度销售数据表，表示小傅虽然已经完成了分析任务，但是依然不够直观。在企业的经营管理中，需要处理各种数据，并将数据以生动、形象的图表形式展现出来，帮助决策者更加直观、快速地理解各种数据，提高工作效率，从而制定出行之有效的管理决策。组长要求小傅根据现有的数据，以图表的方式展现从产品和分公司的销售两个维度进行的销售数据统计。

➡ 任务准备

4.4.1 　图表的类型

Excel 2019 提供了强大的图表功能，可以将数据图形化表示，使数据特征和数据之间的关系一目了然，让数据得到更加形象、直观的展示。

Excel 2019 一共包含十余种内置的图表类型，主要包括：柱形图、折线图、饼图、条形图、面积图、散点图、地图、股价图、曲面图、雷达图、树状图、旭日图、直方图、箱型图、瀑布图、漏斗图、组合图等。每一种图表的表达形式都不同，根据实际需求选择图表类型，才能更好地分析数据。下面介绍七种

任务准备

常见的图表。

1. 柱形图

柱形图是最常用的图表之一，是一种以长方形的长度为变量的统计图表，在只有一个变量时，用来比较两个或以上的价值（不同时间或者不同条件），通常适用于较小的数据集分析。柱形图主要分为簇状柱形图、堆积柱形图、百分比堆积柱形图、三维簇状柱形图、三维堆积柱形图和三维百分比堆积柱形图，如图4.86所示。

图 4.86　柱形图分类

2. 折线图

排列在工作表的列或行中的数据可以绘制到折线图中。折线图可以显示随时间（根据常用比例设置）而变化的连续数据，因此非常适用于显示在相等时间间隔下数据的趋势，如图4.87所示。

图 4.87　折线图分类

3. 饼图

用圆的面积代表事物总体，以扇形的面积和圆的面积的比值表示某个项目占总体的百分数的统计图，叫作饼图。饼图是用整个圆表示总数，也就是100%，并且扇形统计图用圆内各个扇形表示各个部分数量占总数的百分之几，如图4.88所示。

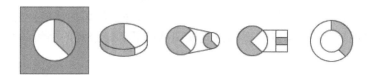

图 4.88　饼图分类

4. 条形图

条形图是用宽度相同的条形的高度或长短来表示数据多少的图形。条形图可以横置或纵置，纵置时也称为柱形图。此外，条形图有简单条形图、复式条形图等形式，如图4.89所示。

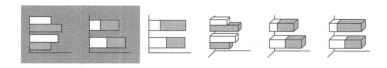

图 4.89　条形图分类

5. 面积图

面积图又称区域图，强调数量随时间而变化的程度，可用于引起人们对总值趋势的注意。堆积面积图和百分比堆积面积图还可以显示部分与整体的关系，如图 4.90 所示。

图 4.90　面积图分类

6. 散点图

散点图是指在回归分析中，数据点在直角坐标系平面上的分布图，散点图表示因变量随自变量而变化的大致趋势，据此可以选择合适的函数对数据点进行拟合。

用两组数据构成多个坐标点，考察坐标点的分布，判断两变量之间是否存在某种关联或总结坐标点的分布模式。散点图将序列显示为一组点，如图 4.91 所示。

图 4.91　散点图分类

7. 组合图

组合图可以将多个图表类型集中显示在一个图表中，集合各类图表优点，更加直观、有对比性，如图 4.92 所示。

图 4.92　组合图

8. 其他图表

其他图表类型包括股价图、曲面图、树状图、旭日图等。

4.4.2　图表的结构

图表一般是由标题、坐标轴、绘图区、数据系列、图例等元素组成，如图 4.93 所示。

标题：标题包括图表标题和坐标轴标题，用来表明图表内容的文字，可以自动与坐标轴对齐，或者在图表顶部居中。

坐标轴：坐标轴是界定图表绘图区的线条，用来度量的参考框架。垂直轴是常见的 y 轴，包含数据。水平轴是常见的 x 轴，包含分类。

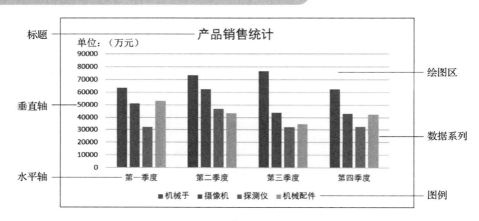

图 4.93　图表中的结构

绘图区：绘图区是指图表中绘图的整个区域。图表区是指包含绘制的整张图表及图表中包括元素的区域。移动和缩放整张图表或绘图区时要先选中图表中图表区或绘图区。

数据系列：数据系列是在图表中绘制的相关数据点，这些数据来源于数据表中的行或列。图表中的每个数据系列具有唯一的颜色或图案，并且在图表的图例中表示。在图表中可以绘制一个或者多个数据系列。饼图类型的图表只有一个数据系列。

数据标签：数据标签是为数据标记提供附加信息的标签。数据标签代表源于数据表单元格的单个数据点或值。默认情况下，数据标签链接到工作表中的值，在对这些值进行更改时，它们会自动更新。

图例：图例是一个矩形框，用于标志图表中的数据系列，或分类指定图案或颜色，可以位于图表的任何位置，表示每个系列所代表的内容。

4.4.3　创建图表

数据图表是依据工作表的数据建立起来的，当工作表中的数据发生改变时，图表也会随之改变。创建图表时，先选定数据区域，再切换到"插入"选项卡，在"图表"组中选择所需的表图类型即可。选中创建的图表，将出现"设计"和"格式"两个选项卡，可以对图表的样式、布局和各部分的格式进行进一步的设置。下面以"产品销售数据"为例创建一张柱形图。

（1）选择数据区域"产品""第一季度""第二季度""第三季度""第四季度"五列作为数据源，如图 4.94 所示。

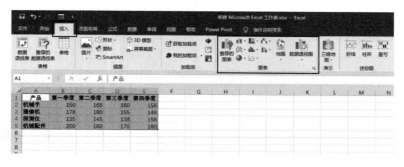

图 4.94　选择数据区域

（2）单击"插入"选项卡→"图表"组→"插入柱形图或条形图"下拉列表→"二维柱形图"选项中的"簇状柱形图"，完成图表的创建，如图4.95所示。

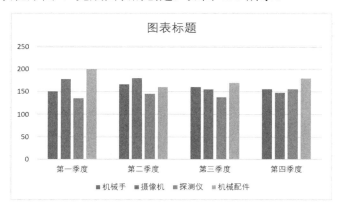

图4.95　簇状柱形图

4.4.4　图表的编辑与美化

图表创建完成后，选中图表区，Excel工具栏中会出现"设计"和"格式"两个选项卡，可以利用里面的功能对图表进行编辑和美化。

1．移动、改变和删除图表

要调整图表的大小，可以将鼠标移到图表边框的控制点上，当鼠标形状改变成双向箭头时拖动即可。如果需要精确设置图表的高度和宽度，可在"格式"选项卡的"大小"组进行设置，如图4.96所示。

图4.96　修改图表

如果要移动图表，单击图表区并按住鼠标左键进行拖动，即可使图表在工作表中移动。删除图表可以通过按下Delete键实现。

2．改变图表类型

创建完图表后，如果要改变图表类型，单击"图表工具"→"设计"选项卡→"类型"

组→"更改图表类型"按钮，在弹出的对话框中，可以根据需要对图表及其类型进行选择，如图 4.97 和图 4.98 所示。

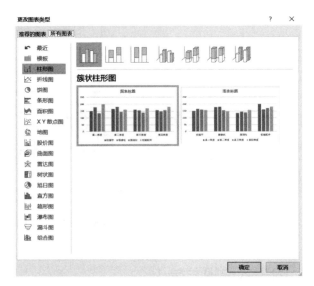

图 4.97　更改图表类型按钮　　　　　　　图 4.98　更改图表类型

3. 添加和编辑图表元素

图表中的元素有：图表区、绘图区、图表标题、坐标轴及标题、图例、数据标签、数据系列。对图表中各部分的修改，可以单击"图表工具"→"设计"选项卡→"图表布局"组→"添加图表元素"下拉列表，对坐标轴、坐标轴标题、图表标题、趋势线等进行添加，如图 4.99 所示。

如果要对图表中的元素进行编辑修改，可以选中相应的元素右击鼠标，在弹出的快捷菜单中选择"设置××元素格式"命令，在工作表右侧出现的对话框中进行设置。也可以通过选中整个图表区，单击"图表工具"→"格式"选项卡→"当前所选内容"组，在下拉列表中精准选择图表中的元素进行编辑，如图 4.100 所示。

图 4.99　"添加图表元素"下拉列表　　　　图 4.100　选择图表中的元素

（1）设置图表标题。图表标题在图表中的设置可以通过单击"图表工具"→"设计"选项卡→"图表布局"组→"添加图表元素"下拉列表，光标指针移至"图表标题"选项进行选择。如果要修改图表标题格式，可以选中图表标题右击，在弹出的快捷菜单中选择"设置图表标题格式"选项，调出"设置图表标题格式"对话框，进一步对图表标题进行设置，如图 4.101 所示。

（2）设置坐标轴。选中坐标轴右击，在弹出的快捷菜单中选择"设置坐标轴格式"选项，调出"设置坐标轴格式"对话框，通过选择"坐标轴选项"和"文本选项"分别对坐标轴格式和文本格式进行设置。在"坐标轴选项"中的功能按钮有"填充与线条""效果""大小与属性""坐标轴选项"，可以通过每一个功能按钮中的选项设置，对坐标轴的外观效果、刻度单位等进行设置。在"文本选项"中的功能按钮有"文本填充与轮廓""文字效果"与"文本框"，可以通过每个功能按钮中的选项设置，对坐标轴文字外观效果进行修改，如图 4.102 所示。

（3）设置网格线。选中图表中的网格线，右击，在弹出的快捷菜单中选择"设置主要网格线格式"选项，调出"设置主要网格线格式"的对话框，有"填充与线条""效果"两个选项，通过对每一个选项的设置，对网格线的格式进行修改，如图 4.103 所示。

图 4.101　设置图表标题格式

图 4.102　设置坐标轴格式

图 4.103　设置主要网格线格式

📥 任务演练——制作产品销售统计图

任务演练

任务要求

小傅首先了解了各类图表的使用场景，并且分析了产品销售数据，认为应该从产品和季度两个维度对数据做展示，簇状柱形图正好可以满足他的工作需求，数据图表的最终效果如图 4.104 所示。

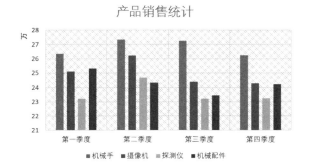

图 4.104　产品销售统计图

实施思路

准备好素材文件：制作销售数据统计图表-源数据.xlsx"—"产品销售统计"工作表。

1. 创建图表

（1）选中 A2:E6 单元格区域作为数据源，如图 4.105 所示。

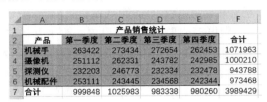

图 4.105　产品销售统计数据源

（2）单击"插入"选项卡→"图表"组→"二维柱状图"下拉列表→"簇状柱形图"选项，效果如图 4.106 所示。

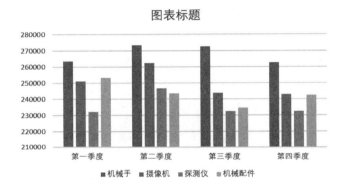

图 4.106　创建簇状柱形图

2. 修改图表标题

选中图表中的标题区域，将图表标题改为"产品销售统计"，效果如图 4.107 所示。

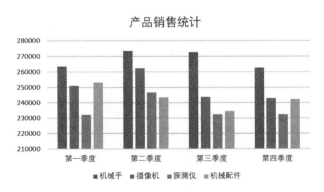

图 4.107　修改图表标题

3. 修改图表样式

（1）选中图表，单击"图表工具"→"设计"选项卡→"图表样式"组→"更改颜色"下拉列表→"彩色"选项中的"彩色调色板 4"，效果如图 4.108 所示。

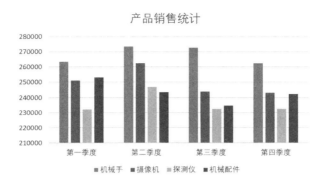

图 4.108　修改图表颜色

（2）选中图表，单击"图表工具"→"设计"选项卡→"图表样式"组→"样式 7"选项，效果如图 4.109 所示。

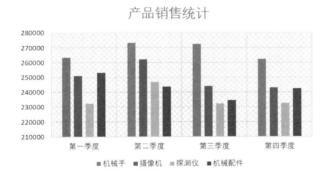

图 4.109　修改图表样式

4. 修改垂直轴格式

（1）选中图表，单击"图表工具"→"格式"选项卡→"当前所选内容"组→"垂直(值)轴"选项，双击垂直轴在右侧调出"设置坐标轴格式"对话框，单击"坐标轴选项"选项→"显示单位"右侧的三角形按钮，在展开的样式库中选择"10000"，如图 4.110 所示。

图 4.110　设置坐标轴格式

（2）单击"图表工具"→"格式"选项卡→"当前所选内容"组→"垂直(值)轴 显示单位标签"选项，将文本内容改为"万"，效果如图 4.111 所示。

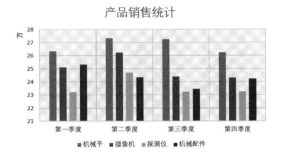

图 4.111　修改单位标签

5. 修改网格线格式

（1）单击"图表工具"→"格式"选项卡→"当前所选内容"组→"垂直(值)轴 主要网格线"选项，在右侧调出"设置主要网格线格式"对话框，单击"填充与线条"选项→"线条"选项组→"短划线类型"下拉列表→"短划线"，将"宽度"微调框的值设置为 0.5 磅，如图 4.112 所示。

图 4.112　设置主要网格线格式

（2）参考上述步骤对水平轴网格线进行同样的设置，效果如图 4.113 所示。

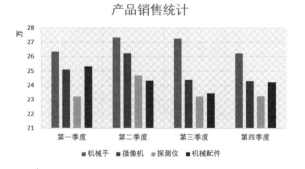

图 4.113　修改网格线效果

任务拓展——制作分公司业绩与完成度对比图

任务要求

公司经营中会制定每年的生产销售目标，年末各分公司需要对本年度的业绩和指标完成情况进行汇报。小傅认为常规的单一图表都无法很好地同时体现这两项指标，于是他决定选用混合图表进行数据展示，销售业绩使用柱状图，而指标的完成情况则在次坐标轴使用折线图做展示。

任务拓展

"分公司业绩与完成度对比图"效果如图 4.114 所示。

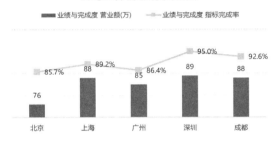

图 4.114　分公司业绩与完成度对比图

实施思路

准备好素材文件："制作销售数据统计图表-源数据.xlsx"—"业绩与完成度图表"工作表。

1. 创建混合图表

（1）选中 A1:C7 单元格区域作为数据源，如图 4.115 所示。

（2）单击"插入"选项卡→"图表"组→"查看所有图表"扩展按钮，弹出"插入图表"对话框，单击"所有图表"选项组，选中"组合图"类型，选择"簇状柱形图-次坐标轴上的折线图"，单击"确定"按钮，如图 4.116 所示。

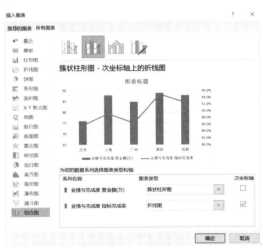

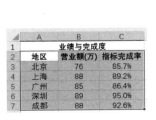

图 4.115　选择数据源　　　　　图 4.116　创建混合图表

2. 修改图表标题

选中图表标题区域，将图表标题改为"分公司业绩与完成度对比图"，如图 4.117 所示。

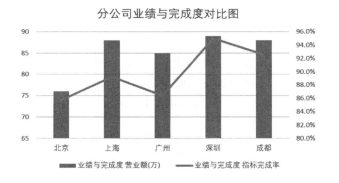

图 4.117　修改图表标题

3. 修改垂直轴格式

（1）单击"图表工具"→"格式"选项卡→"当前所选内容"组→"垂直(值)轴"选项，在右侧"设置坐标轴格式"对话框中，单击"坐标轴选项"→"标签"选项组→"标签位置"样式库选择"无"如图 4.118 所示；单击"坐标轴选项"选项→"坐标轴选项"选项组→"边界"选项，在"最小值"文本编辑框中输入"70"，在"最大值"文本编辑框中输入"110"。单击"单位"选项，在"大"文本编辑框中输入"10"，效果如图 4.119 所示。

图 4.118　修改垂直轴格式

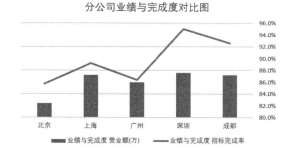

图 4.119　修改主坐标轴格式

（2）单击"图表工具"→"格式"选项卡→"当前所选内容"组→"次坐标轴-垂直(值)轴"，在右侧"设置坐标轴格式"对话框中选择"坐标轴选项"选项→"坐标轴选项"选项组→"边界"选项，将最小值设置为"0.65"，最大值设置为"1.0"。单击"标签"选项，在"标签位置"样式库选择"无",效果如图4.120所示。

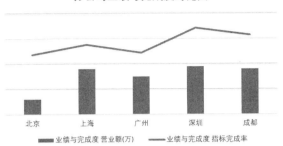

图4.120　修改次坐标轴格式

4. 更改图表类型

单击"图表工具"→"设计"选项卡→"类型"组→"更改图表类型"按钮,在弹出的"更改图表类型"对话框中选择指标完成率的图表类型为"带数据标记的折线图",单击"确定"按钮,如图4.121所示。

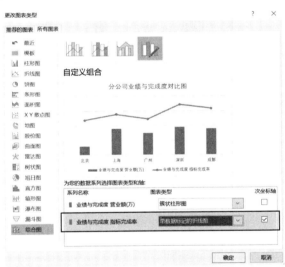

图4.121　更改图表类型

5. 修改系列格式

(1)选中系列"业绩与完成度指标完成率",会在右侧弹出"设置数据系列格式"对话框,单击"填充与线条"选项→"线条"选项组,单击"颜色"选项右侧的三角按钮,选择"金色,个性色4,淡色40%",如图4.122所示。

(2)单击"填充与线条"选项→"标记"选项→"标记选项"选项组,选中"内置"单选框,"类型"选择方形,"大小"设置为"8",如图4.123所示。单击"填充"选项组→"颜色"选项,选择"金色个性色4 淡色40%"。单击"边框"选项组→"颜色"选项,选择"金色,个性色4,淡色40%"如图4.124所示。

图 4.122　设置线条颜色

图 4.123　设置标记颜色

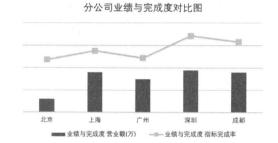

图 4.124　修改系列格式

6. 修改网格线格式

单击"图表工具"→"格式"选项卡→"当前所选内容"组→"垂直(值)轴 主要网格线"，在右侧弹出的"设置主要网格线格式"对话框中，单击"填充与线条"选项→"线条"选项组→"短划线类型"下拉列表，选择"短划线"，将宽度设置为"0.5 磅"，效果如图 4.125 所示。

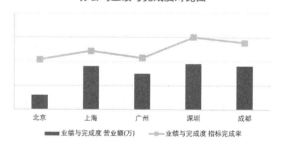

图 4.125　修改网格线

7. 修改图例格式

选中当前图表中的图例右击，在弹出的快捷菜单中选择"设置图例项格式"，在右侧调出"设置图例格式"对话框，单击"图例选项"选项→"图例选项"选项组→"图例位置"单选框选择"靠上"，如图 4.126 所示。

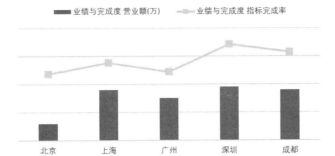

图 4.126　修改图例格式

8. 添加数据标签

单击"图表工具"→"设计"选项卡→"图表布局"组→"添加图表元素"下拉列表→"数据标签"选项→"数据标签外",效果如图 4.127 所示。

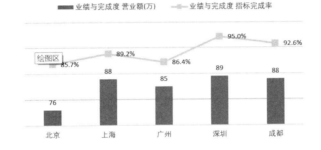

图 4.127　添加数据标签

9. 修改图表字体

选中图表区,单击"开始"选项卡→"字体"组,在字体下拉列表中选择"微软雅黑",将图表中所有字体设置为微软雅黑,效果如图 4.128 所示。

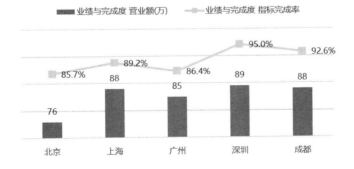

图 4.128　修改图表字体

➡ 任务巩固——制作 Top3 分公司利润分布图

在公司本年度的销售业绩中，北京、上海、深圳三个分公司的业绩突出，因此，小傅需要将三个分公司利润数据绘制成复合饼图以多层次展现三个分公司的利润情况。

任务巩固

"Top3 分公司利润分布"效果如图 4.129 所示。

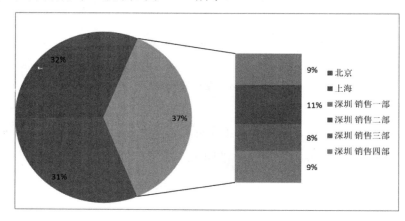

图 4.129　Top3 分公司利润分布饼图

任务 5　制作产品采购销售分析表

➡ 任务目标

❖ 掌握 Excel 2019 中创建数据透视表的方法
❖ 掌握 Excel 2019 中编辑数据透视表的方法

➡ 任务场景

随着大数据、人工智能等高新产业的蓬勃发展，公司在本年度推出了全新的智能摄像头产品。从采购到销售各个环节，公司每个部门都投入了大量的人力物力去推广新产品。在年终产品销售健康度分析中，组长要求小傅对智能摄像头产品的采购数据及销售数据清单进行多维度深入分析，从而为来年的运营销售策略提供依据和参考。

➡ 任务准备

数据透视表是一种对大量数据进行快速汇总和建立交叉列表的交互式报表。用户可以自由选择页、行、列中的不同字段，达到快速查看源数据的效果。每次改变版面布局时，数据透视表便会根据新的布局进行重新计算数据，达到动态查看数据分析的效果。

任务准备

数据透视表由字段（页字段、数据字段、行字段、列字段）、项（页字段项、数据项）和数据区域组成。

4.5.1　创建数据透视表

Excel 2019 中可以通过两种方式创建数据透视表，第一种方法是先创建空白数据透视表，然后再添加字段；第二种方法是通过"推荐的数据图表"功能。下面以"产品销售表"为例，介绍数据透视表的创建。

1. 单击"数据透视表"按钮

打开"产品销售表.xlsx"文件，在"产品销售"工作表中单击数据区域任意一个单元格。单击"插入"选项卡→"表格"组→"数据透视表"按钮，如图 4.130 所示。弹出"创建数据透视表"对话框。

图 4.130　插入数据透视表

2. 设置数据透视表区域

在对话框中选择需要分析的数据的所在区域和放置数据透视表的位置，此处，我们保持所有参数为默认状态，单击"确定"按钮，如图 4.131 所示。这时，在指定的位置出现一个空的数据透视表，如图 4.132 所示。

图 4.131　"创建数据透视表"对话框

3. 选择数据透视表字段

在"数据透视表字段"导航窗格的"选择要添加到报表的字段"列表框中将"产品"拖曳

到"行"区域后，在工作表中会出现"行标签"，在其下方会显示所有产品的名称，不重复排列，并在最下方显示"总计"文本。再将"销售数量"和"销售金额"字段拖曳到"值"区域内，则在"值"区域内显示"求和项：销售数量"和"求和项：销售金额"，在工作表"行标签"右侧显示各产品销售数量总和与各产品销售金额总和，如图 4.133 所示。

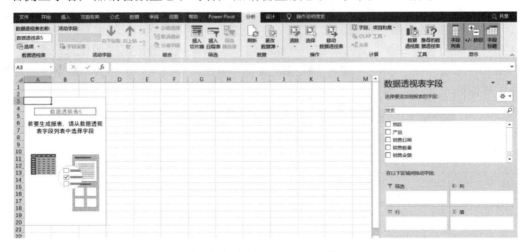

图 4.132　数据透视表设计界面

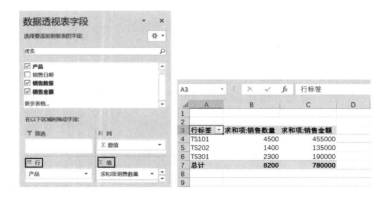

图 4.133　创建数据透视表

4.5.2　编辑数据透视表

创建数据透视表之后，根据需要可对得到的布局、样式、数据汇总方式、值的显示方式、字段分组、计算字段和计算项、切片器等进行修改。

1．修改数据透视表的布局

创建数据透视表后，可以根据需要在数据透视表中添加或删除字段，改变行、列标签。在"选择要添加到报表的字段"列表框中，单击某个字段，可以选择删除字段，再重新到字段列表中去拖动需要的字段列到相应的标签编辑框中。还可对字段进行上移、下移、移至开头、移至末尾操作，如图 4.134 所示。

图4.134　修改字段

2. 修改数据透视表的样式

在"设计"选项卡"数据透视表样式"功能组中，可以选择任意一个内置的数据透视表样式，将其应用到选中的数据透视表中，同时还可以新建数据透视表样式，如图4.135所示。

图4.135　数据透视表样式

3. 设置数据的汇总方式和显示方式

如果要更改值字段的汇总方式，可以单击"值"标签编辑框的字段，在弹出的快捷键菜单中选择"值字段设置"，打开"值字段设置"对话框，在"值汇总方式"下的"计算类型"列表框中显示求和、计数、平均值、最大值等计算类型，选择需要的计算类型，单击"确定"按钮完成修改，如图4.136所示。

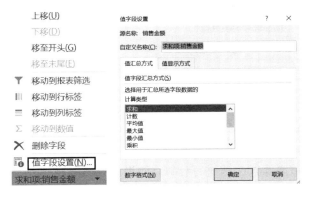

图4.136　值字段汇总方式设置

值显示方式包括无计算、总计的百分比、列汇总的百分比、行汇总的百分比等。如果要改变字段值的显示方式，可在"值显示方式"列表框中选择需要的汇总类型，单击"确定"按钮完成修改，如图4.137所示。

图 4.137　值显示方式设置

4．设置数据分组

对于创建好的数据透视表，可以通过行或者列的字段组合进行数据分组。例如，对日期进行分组，按照季度进行汇总显示，如图 4.138 所示，单击"确定"按钮得到分组显示结果，如图 4.139 所示。

图 4.138　字段组合

图 4.139　字段组合效果

5．使用计算字段和计算项

数据透视表创建完成后，不允许手动更改或者移动数据透视表中的任何区域，也不能在数据透视表中插入单元格或者添加公式进行计算，如果需要在数据透视表中添加自定义计算，则需要使用"添加计算字段"或"添加计算项"功能。例如，增加销售均价字段。

（1）单击数据透视表中任一单元格，单击"表格工具"→"分析"选项卡→"计算"组→"域、项目和集"下拉列表，选择"计算字段"。

（2）在弹出的"插入计算字段"对话框中，如图 4.140 所示，"名称"文本框内输入"销售均价""公式"文本框中输入"=销售金额/销售数量"，单击"确定"按钮，得到如图 4.141 所示的效果。

图 4.140　添加计算字段　　　　图 4.141　添加计算字段效果

6. 插入切片器

切片器功能可以让数据透视表的筛选条件直观地显示出来。在某个数据透视表中使用的切片器还可以应用到多个数据透视表中，方便用户从多维度分析数据，快速得到分析的结果。切片器还会指示当前的筛选状态，从而便于用户轻松、准确地了解已筛选的数据透视表中所显示的内容。例如，在数据透视表中增加地区和产品切片器。

（1）选中目标数据透视表，单击"图表工具"→"分析"选项卡→"筛选"组→"插图切片器"按钮，弹出"插入切片器"对话框，如图 4.142 所示。

图 4.142　插入切片器

（2）在"插入切片器"对话框中选择"地区"和"产品"两个字段，单击"确认"按钮，即可得到地区和产品两个切片器，如图 4.143 所示。

图 4.143　切片器效果图

任务演练

任务演练——制作产品采购分析表

任务要求

在公司的生产经营中，采购产品环节至关重要，在保证供货充足的同时又要进行营销风险管控，避免产品大量积压。小傅从数据库中导出本年度智能摄像头的采购数据，着手分析摄像头的采购情况。任务结果如图 4.144 所示。

行标签	求和项:数量	求和项:总金额
第一季	1190	¥1,463,000
第二季	1115	¥2,569,650
第三季	1030	¥2,309,000
第四季	455	¥576,450
总计	3790	¥6,918,100

图 4.144 产品采购分析表

实施思路

准备好素材文件："制作产品采购销售情况分析表-源数据"——"产品采购表"工作表。

1. 插入数据透视表

（1）选中数据源任意一个单元格，在"插入"选项卡的"表格"功能组中单击"数据透视表"按钮，如图 4.145 所示。

图 4.145 插入数据透视表

（2）在"数据透视表字段"窗格中，"选择要添加到报表的字段"列表框中，勾选"订单时间""供货商""产品细类""数量"和"总金额"复选框，如图 4.146 所示。

图 4.146 选择字段

2. 设置"总金额"数字格式

（1）在数据透视表中，右击字段"总金额"下的任意单元格，在弹出的快捷菜单中单击"数字格式"命令，如图 4.147 所示。

（2）在弹出的"设置单元格格式"对话框中，选择"货币"，小数位数数值设置为"0"，其他选项为默认值，单击"确定"按钮，如图 4.148 所示。

3. 移动"产品细类"字段

在"数据透视表"窗格中，单击行标签列表框中的"产品细类"字段，在展开的列表中单击"上移"选项，如图 4.149 所示。

图 4.147 设置数字格式　　　　图 4.148 设置货币数字格式　　　　图 4.149 字段上移

4. 组合订单时间

（1）在数据透视表中选择"订单时间"字段中的任意单元格，单击"图表工具"→"分析"选项卡→"组合"组，单击"分组选择"按钮，如图 4.150 所示。

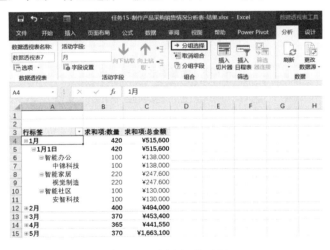

图 4.150 组合订单时间

（2）在弹出的"组合"对话框中，"自动"选项组中保留"起始于"和"终止于"的值，在"步长"列表框中只选择"季度"选项，单击"确定"按钮，如图 4.151 所示。此时数据透视表中的"订单时间"进行了分组，可以根据季度查看产品的销售信息，如图 4.152 所示。

图 4.151　按"季度"组合字段

图 4.152　组合字段效果

5. 修改数据透视表样式

（1）选中数据透视表，单击"图表工具"→"设计"选项卡→"数据透视表样式"组微调框最下方的三角按钮，如图 4.153 所示。

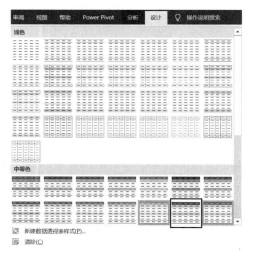

图 4.153　选择数据透视表样式

（2）在弹出的样式库中，选择"中等色"选项组中的"浅蓝，数据透视表样式中等深浅13"样式，效果如图 4.154 所示。

图 4.154　数据透视表样式设置效果

（3）在数据透视表中右击"订单时间"字段，在弹出的快捷菜单中单击"展开/折叠"选项，选择"折叠整个字段"，如图 4.155 所示，效果如图 4.156 所示。

图 4.155　折叠字段

图 4.156　折叠字段效果

🔜 任务拓展——制作销售分析表

任务要求

公司需要对本年度的主推商品智能摄像头销售情况进行深入分析，如从销售人员、销售区域多维度考查摄像头的销售情况，以为来年的销售策略提供数据支撑。现在组长要求小傅根据摄像头销售数据清单完成销售数据分析。

任务拓展

"产品销售情况分析"效果如图 4.157 所示。

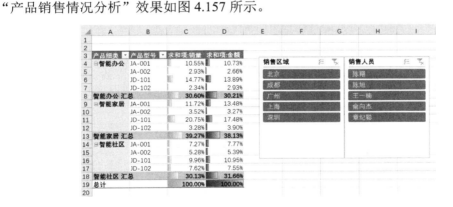

图 4.157　"产品销售情况分析"效果图

实施思路

准备好素材文件："制作产品采购销售情况分析表-源数据"—"产品销售情况"工作表。

1. 插入数据透视表

（1）单击数据源任意一个单元格，单击"插入"选项卡→"表格"组→"数据透视表"按钮，如图 4.158 所示。

（2）在右侧"选择要添加到报表的字段"对话框中，选中"产品细类"字段，将其拖曳到"行"字段区域。选中"产品型号"字段，将其拖曳到"行"字段区域。接着分别选中"销量"和"金额"字段，将其拖到"值"字段区域，如图 4.159 所示。

图 4.158　插入数据透视表

图 4.159　选择字段

2.　设置值显示方式

（1）在数据透视表中，右击"销量"字段下的任意单元格，在弹出的快捷菜单中选择"值显示方式"→"列汇总的百分比"，如图 4.160 所示。

图 4.160　设置值显示方式

（2）参考"销量"字段的设置方式，将"金额"字段的值显示方式也设置为"列汇总的百分比"，效果如图 4.161 所示。

3	行标签 ▼	求和项:销量	求和项:金额	D
4	⊟智能办公	30.60%	30.21%	
5	JA-001	10.55%	10.73%	
6	JA-002	2.93%	2.66%	
7	JD-101	14.77%	13.89%	
8	JD-102	2.34%	2.93%	
9	⊟智能家居	39.27%	38.13%	
10	JA-001	11.72%	13.48%	
11	JA-002	3.52%	3.27%	
12	JD-101	20.75%	17.48%	
13	JD-102	3.28%	3.90%	
14	⊟智能社区	30.13%	31.66%	
15	JA-001	7.27%	7.77%	
16	JA-002	5.28%	5.39%	
17	JD-101	9.96%	10.95%	
18	JD-102	7.62%	7.55%	
19	总计	100.00%	100.00%	
20				

图 4.161　设置值显示方式后的效果

3．修改数据透视表样式

（1）选中数据透视表，单击"图表工具"→"设计"选项卡→"数据透视表样式"组，如图 4.162 所示。

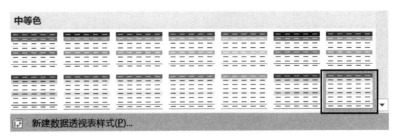

图 4.162　选择数据透视表样式

（2）单击微调按钮最下面的箭头，选择"中等色"选项组中的"浅绿 数据透视表样式中等深浅 14"样式，其效果如图 4.163 所示。

3	行标签 ▼	求和项:销量	求和项:金额	D
4	⊟智能办公	30.60%	30.21%	
5	JA-001	10.55%	10.73%	
6	JA-002	2.93%	2.66%	
7	JD-101	14.77%	13.89%	
8	JD-102	2.34%	2.93%	
9	⊟智能家居	39.27%	38.13%	
10	JA-001	11.72%	13.48%	
11	JA-002	3.52%	3.27%	
12	JD-101	20.75%	17.48%	
13	JD-102	3.28%	3.90%	
14	⊟智能社区	30.13%	31.66%	
15	JA-001	7.27%	7.77%	
16	JA-002	5.28%	5.39%	
17	JD-101	9.96%	10.95%	
18	JD-102	7.62%	7.55%	
19	总计	100.00%	100.00%	
20				

图 4.163　设置数据透视表样式后效果

4．设置数据条件格式

（1）选中"销量"字段下 B4:B19 单元格，单击"开始"选项卡→"样式"功能组→"条件格式"→"数据条"→"渐变填充"中的"橙色数据条"，其效果如图 4.164 所示。

（2）选中"金额"字段下 C4:C19 单元格，单击"开始"选项卡→"样式"功能组→"条件格式"→"数据条"→"渐变填充"中的"紫色数据条"，其效果如图 4.165 所示。

3	行标签	求和项:销量	求和项:金额	D
4	⊟智能办公	30.60%	30.21%	
5	JA-001	10.55%	10.73%	
6	JA-002	2.93%	2.66%	
7	JD-101	14.77%	13.89%	
8	JD-102	2.34%	2.93%	
9	⊟智能家居	39.27%	38.13%	
10	JA-001	11.72%	13.48%	
11	JA-002	3.52%	3.27%	
12	JD-101	20.75%	17.48%	
13	JD-102	3.28%	3.90%	
14	⊟智能社区	30.13%	31.66%	
15	JA-001	7.27%	7.77%	
16	JA-002	5.28%	5.39%	
17	JD-101	9.96%	10.95%	
18	JD-102	7.62%	7.55%	
19	总计	100.00%	100.00%	
20				

图 4.164 设置销量字段条件格式效果　　　　图 4.165 设置金额字段条件格式效果

5. 插入切片器

（1）选中数据透视表，单击"表格数据"→"分析"选项卡→"筛选"组→"插入切片器"按钮，弹出"插入切片器"对话框，选中"销售区域"和"销售人员"两个字段，单击"确认"按钮，即可得到销售区域和销售人员两个切片器，如图 4.166 所示。

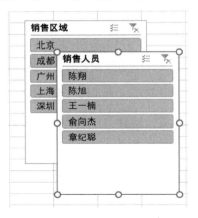

图 4.166 销售区域和销售人员切片器

（2）将切片器拖曳到合适的位置，按住[Ctrl]键，选中销售区域和销售人员切片器，单击"图表工具"→"切片器"选项卡→"切片器样式"组，在"深色"选线组中选择"浅绿，切片器样式深色 6"样式，如图 4.167 所示，效果如图 4.168 所示。

图 4.167 切片器样式

图 4.168 销售区域和销售人员切片器样式效果

（3）通过选择不同切片器里的字段，可以多维度查看数据透视表的筛选效果，如图 4.169 所示。

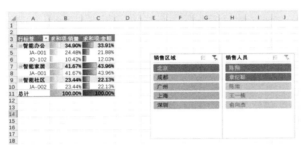

图 4.169 使用切片器筛选数据

任务巩固——智能摄像头销售情况动态展示

为了动态直观地分析智能摄像头的销售情况和销售走势，以帮助销售部门更好地推测未来的销售趋势，小傅想要通过选择不同销售区域和销售人员，以图片的形式，直接同时动态展示智能摄像头各类产品和各季度的销售情况。
"智能摄像头销售情况动态展示"效果如图 4.170 所示。

任务巩固

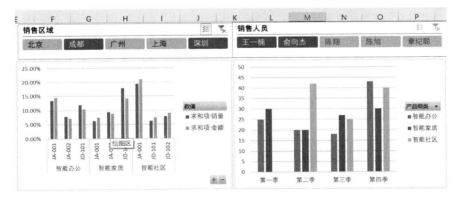

图 4.170 "智能摄像头销售情况动态展示"效果图

项目 5

常用多媒体软件

项目介绍

多媒体技术广泛应用于工业生产管理、学校教育、公共信息咨询、商业广告、家庭生活与娱乐等领域。多媒体可以理解为多种媒体的综合，多媒体技术是一种把文本（Text）、图形（Graphics）、图像（Images）、动画（Animation）和声音（Sound）等形式的信息结合在一起，并通过计算机进行综合处理和控制，能支持完成一系列交互式操作的信息技术。

任务安排

任务 1　制作公众号推文图片素材
任务 2　制作培训视频资源

学习目标

◇ 掌握图像处理软件 Photoshop 的基本使用方法
◇ 掌握视频处理软件 Camtasia 的基本使用方法

任务 1　制作公众号推文图片素材

➡ 任务目标

❖ 了解图像处理软件 Photoshop 的基本功能组成
❖ 掌握工具面板、图层面板等常用面板的使用方法
❖ 掌握图像、图层的相关知识
❖ 掌握处理图像和图层的基本方法

➡ 任务场景

小傅结束轮岗，回到技术研发部。他的第一个任务是撰写一篇用于推广嵌入式开发教程的公众号推文，除了基于原始的文字材料进行内容提炼外，还需要制作一些图片素材。现有的原始图片识别度不高，广告效果较差。因此，小傅利用常用的图像处理软件 Photoshop 处理培训讲师的图像资料并制作一些教程宣传图片。

➡ 任务准备

任务准备

5.1.1　打开图像及创建新图像

（1）在菜单栏中，选择"文件"→"打开"，打开现有图像，如图 5.1 所示。

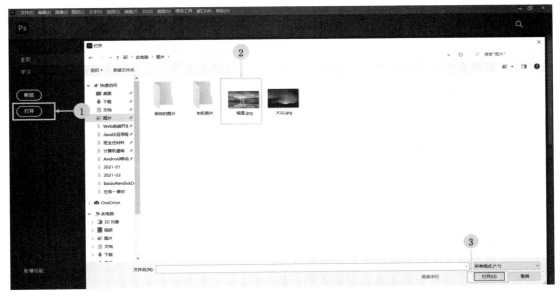

图 5.1　打开现有图像

（2）在菜单栏中，选择"文件"→"新建"创建新图像。选择预设文档，可以输入宽度和高度等参数对预设文档进行自定义，如图 5.2 所示。

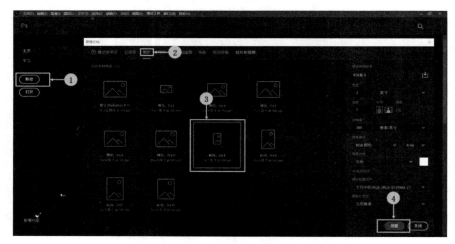

图 5.2　新建图像

5.1.2　了解软件界面工作区

Photoshop 软件工作区域界面如图 5.3 所示。

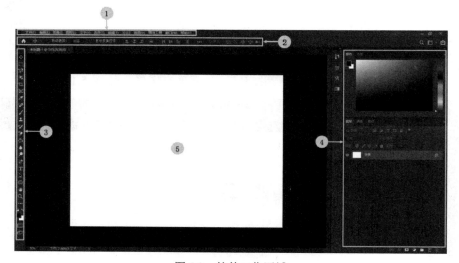

图 5.3　软件工作区域

（1）菜单栏（界面顶部）包含"文件""编辑""图像"及其他菜单，在这里可以访问各种指令、进行各种调整和访问各种面板。

（2）选项栏（菜单栏下方）显示当前所用工具的对应选项。

（3）工具面板（左侧）包含用于编辑图像和创建图稿的工具。相似的工具集中在一起。可以通过单击并按住面板中的工具访问相关的其他工具。

（4）面板（右侧）包括"颜色""图层""属性"及其他面板，其中包含各种用于处理图像的控件。可以在"窗口"菜单下找到完整列表。

（5）文档窗口（中央）显示您当前正在处理的文件。多个打开的文档在文档窗口中以选项卡形式显示。

5.1.3 步骤撤销

（1）要撤销上一个操作，可以选择"编辑"→"撤销"或者按[Ctrl+Z]键；要重做上一个操作，可以选择"编辑"→"重做"或者再次按[Ctrl+Z]键，如图5.4所示。

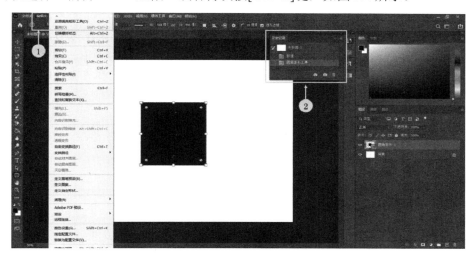

图 5.4 撤销、重做和历史面板

（2）要撤销多个步骤，可以多次选择"编辑"→"后退一步"，或者在"历史"面板中选择需要返回的步骤。

5.1.4 保存作品

选择"文件"→"保存"或"文件"→"另存为"。

（1）以 Photoshop 格式（.psd）保存图像将可以保留图层、类型及其他可编辑的 Photoshop 属性。如果仍然需要对图像进行处理，最好以.psd 的格式保存，如图5.5 所示。

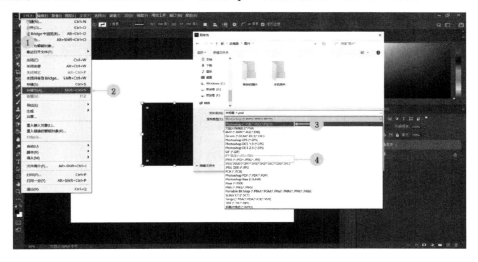

图 5.5 文件保存

（2）以 JPEG（.jpg）或 PNG（.png）的格式保存会将图像保存为标准的图像文件，便于分享，可以使用其他程序打开。完成编辑后，还应当多保存一份其中一种格式的副本。

5.1.5　更改图像大小和分辨率

（1）选择"图像"→"图像大小"，可进行图像大小的调整。如果图像用于屏幕显示，则使用像素作为宽度和高度单位；如果图像需要打印，则使用英寸作为单位。确保"链接"图标开启，以保持图像比例，这样当你更改宽度时，会自动调整高度。选择"重新取样"可以更改图像中的像素数量。图像大小更改完成，单击"确定"按钮，如图 5.6 所示。

图 5.6　调整图像大小和分辨率

（2）选择"图像"→"图像大小"。此对话框中的"分辨率"表示在打印图像时，每一英寸分配的图像像素数量，取消选中"重新取样"，以保持原始的图像像素的数量，在"分辨率"字段中，将每英寸的像素数量设置为"300"，以便普通的喷墨打印机打印。"宽度"和"高度"中的英寸数会随之更改，单击"确定"按钮。

5.1.6　裁剪和拉直图像

在"工具"面板中选择裁剪工具。显示裁剪边框后，拖动任意一边或一角调整裁剪边框的大小和形状，在裁剪边框内部拖动图像，调整图像位置，在裁剪边框某一角的外侧拖动鼠标，旋转或拉直图像，单击选项栏中的"对勾"标记，或按 Enter 键完成裁剪，如图 5.7 所示。

图 5.7　裁剪图像

5.1.7 快速选择工具

在工具面板中选择快速选择工具，在希望选择的区域上拖动鼠标进行选择。该工具会自动识别图像边缘，并在边缘位置停止选择。

首次选择后，该工具将自动切换为"添加到选区"模式。要选择更多内容，可以在其他区域上拖动鼠标进行选择。若要减少选择的内容，可长按[Alt]键，同时在希望移除的区域上拖动鼠标，如图5.8所示。

图 5.8　使用快速选择工具建立选区

5.1.8 套索工具

套索工具可用于清理使用其他工具创建的选区。在工具面板中选择套索工具，向使用任何工具创建的选区添加内容，长按[Shift]键并围绕希望添加的区域拖动鼠标。要从选区中减去内容，请在选项栏中选择"从选区减去"模式，或长按[Alt]键，并围绕希望移除的区域拖动鼠标，按[Ctrl+D]键取消选择，如图5.9所示。

图 5.9　使用套索工具建立选取

5.1.9　颜色调整工具

1．调整亮度和对比度

在菜单栏中，选择"图像"→"调整"→"对比度"，拖动"亮度"滑块更改图像的整体亮度。拖动"对比度"滑块增加或降低图像对比度，单击"确定"按钮，如图 5.10 所示。

2．调整颜色自然饱和度

在菜单栏中，选择"图像"→"调整"→"自然饱和度"，拖动滑块可以调整自然饱和度。"自然饱和度"可以影响颜色的强度，主要影响图像中较暗的颜色。"饱和度"可以提高图像中所有颜色的强度，完成后单击"确定"按钮，如图 5.11 所示。

图 5.10　亮度和对比度调整面板

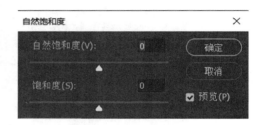

图 5.11　自然饱和度调整面板

3．调整色相和饱和度

（1）在菜单栏中选择"图像"→"调整"→"色相/饱和度"，拖动"色相""饱和度"和"明度"滑块进行调整。该操作将影响图像中的所有颜色。"色相"滑块可以更改图像中的颜色；"饱和度"滑块可以更改图像中颜色的强度；"明度"滑块可以更改图像中颜色的明度。

（2）如果只想更改一种特定的颜色，可以在"色相/饱和度"对话框左上角的下拉菜单中选择一个色域，例如"蓝色"。然后拖动"色相""饱和度"或"明度"滑块。这样将只会影响所选的色域，并且将会更改图像中所有相应的颜色，完成后单击"确定"按钮，如图 5.12 所示。

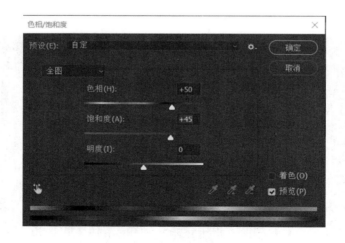

图 5.12　色相和饱和度调整面板

任务演练

任务演练——制作个人单寸证件照

在培训推文中，培训讲师的个人资料展示十分重要，良好的形象、丰富的项目经历都能推动教程的销售。展示个人资料的时候，往往需要放置一张讲师个人单寸照片，但是小傅收集到的原始照片背景均不相同，他需将人物的照片统一处理成单寸的白底照片，效果如图 5.13 所示。

图 5.13　"单寸照片"效果图

1. 创建画布

创建 2.5 厘米×3.5 厘米，分辨率为每英寸 300 像素的画布，如图 5.14 所示。

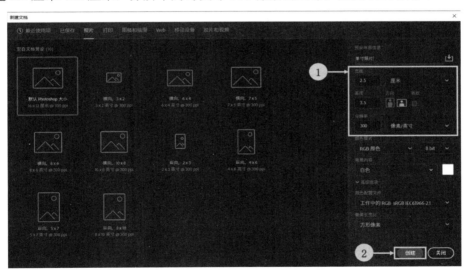

图 5.14　新建单寸照片画布

2. 添加原始照片

（1）打开照片素材文件，如图 5.15 所示。

（2）单击图层面板中的"锁定"按钮创建图层，使用"移动"工具，以左键单击图片不松开，移动至"单寸照"画布文件，进入画布文件后松开左键，如图 5.16 所示。

（3）按下[Ctrl+T]快捷键，显示图片缩放框，并且选择选项栏中的"保持缩放比"按钮，按下[Enter]键进行确认，如图 5.17 所示。

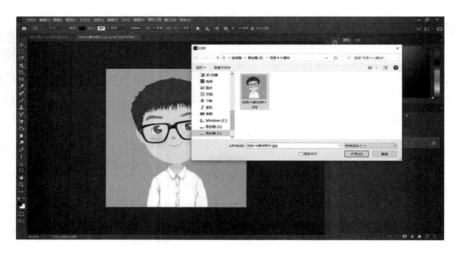

图 5.15　打开人物照片

图 5.16　将人物照片添加到画布

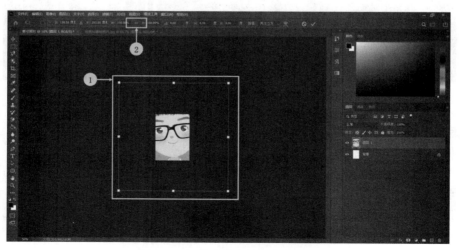

图 5.17　调整人物在图层中的大小

3. 去除有色背景

（1）使用"快速选择"工具中的"魔棒工具"，单击照片的蓝色区域，建立选区，如图5.18所示。

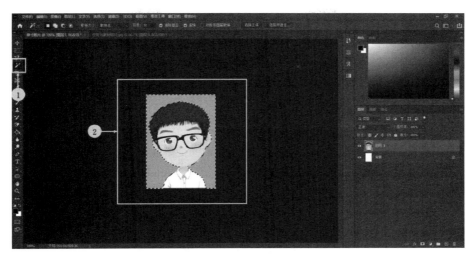

图5.18 建立人物背景选区

（2）按下[Delete]键，在工具面板中单击"矩形选框工具"，然后在画布之外的区域单击一次，取消选区，并将图片保存，如图5.19所示。

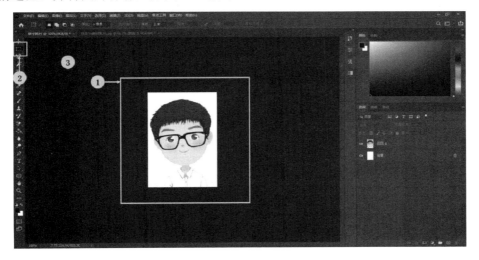

图5.19 去除有色背景

➡ **任务拓展——制作教程优惠图片素材**

小傅需要制作一张教程优惠图片素材，用来配合教程的销售，他拍摄了嵌入式开发板的照片，并且搜索了相关的素材图片，需要利用图像处理软件对图片进行合成及排版，使图片具有较好的营销效果，效果如图5.20所示。

任务拓展

1. 创建画布

新建一个预置的1920×1080像素图稿画布，如图5.21所示。

图 5.20 "教程优惠广告"效果图

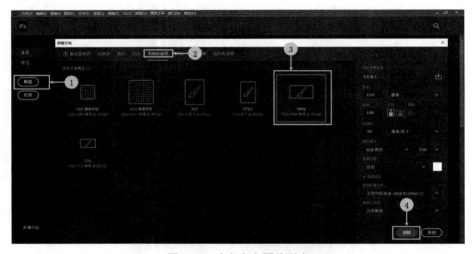

图 5.21 建立空白图稿画布

2. 添加素材

将素材文件夹中的"背景.jpg""背景装饰.png"和"嵌入式开发板.png"拖曳入画布，并且在"图层面板"中调整图层顺序，并通过[Ctrl+T]调整图片至合适大小如图 5.22 所示。

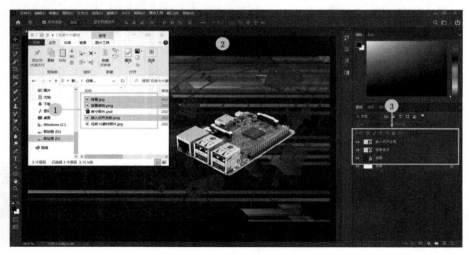

图 5.22 插入图片素材

3. 调整素材色相

选中"背景装饰"图层，在"图像"→"调整"→"色相/饱和度"中，调整色相为"+50"，饱和度为"+45"，使其融入背景，如图 5.23 所示。

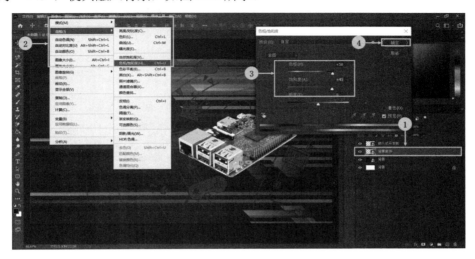

图 5.23 调整图层的色相和饱和度

4. 添加文字信息

利用"文本工具"添加文字信息"全新嵌入式开发板教程"，并添加素材图片"优惠大放送.png"，如图 5.24 所示。

图 5.24 添加文字信息

➡ 任务巩固——教程抢购广告合成

除了培训讲师的简介、教程简介，小傅还需要使用 Photoshop 中的"图形工具"合成教程购买广告，显示教程的优惠价格及购买教程的二维码，如图 5.25 所示。

任务巩固

图 5.25 "教程抢购广告"效果图

任务 2　制作培训视频资源

任务目标

❖ 了解视频录制和编辑软件 Camtasia 的基本功能
❖ 掌握视频录制的使用方法
❖ 掌握视频剪辑和合成的方法

任务场景

公司的嵌入式开发教程销量极佳，结合学员的实际需求，小傅的公司决定开展几场公益的移动应用开发在线培训。小傅作为培训讲师之一，需要制作一些教学短视频，保障线上培训顺利开展。此处，还需录制直播内容，便于学员回看培训内容。

Camtasia Studio 是一款专门录制屏幕动作的工具，它能在任何颜色模式下轻松地记录屏幕动作，包括影像、音效、鼠标移动轨迹、解说声音等，另外，它还具有即时播放和编辑压缩的功能，可对视频片段进行剪接、添加转场效果。

任务准备

5.2.1　视频项目的创建

任务准备

在启动界面中，选择"新建项目"或者"新建录制"，创建一个新的录制项目，如图 5.26 所示。

图 5.26　新建视频项目

5.2.2　了解软件界面工作区

（1）菜单栏（界面顶部）包含"文件""编辑""修改"等菜单，在这里可以访问各种指令、进行各种调整和访问各种面板，如图 5.27 所示。

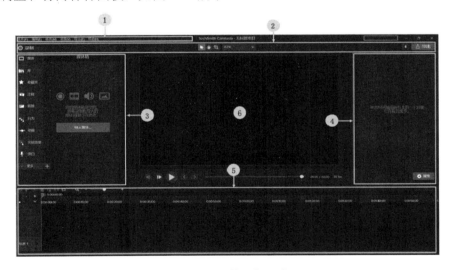

图 5.27　软件工作区域

（2）选项栏（菜单栏下方）显示"录制""编辑""平移""导出"等快捷功能按钮。

（3）媒体功能区（左侧）包含用于视频编辑的工具。可以通过选择并按住功能区中的素材和功能，将其添加到视频中。

（4）属性面板（右侧）包含视频元素的各种属性。

（5）视频时间轴编辑区（界面下方），可以在此区域内进行视频素材的剪辑及合成。

（6）视频预览编辑窗口（中央）显示当前正在处理的视频内容，可以对元素进行编辑，并预览视频效果。

5.2.3 录制视频

1. 打开 Camtasia 录制器

选择界面左上角"录制"按钮，打开 Camtasia 录制器，在默认情况下，Camtasia 将捕获屏幕上发生的所有事件，如图 5.28 所示。

图 5.28　Camtasia 录制按钮

2. 自定义录制参数

（1）在"录制区域"功能区，选择记录全屏，或单击箭头按钮并选择"选择要记录的区域"。

（2）在"已录制输入"功能区，选择其他输入与屏幕一起记录。选项包括网络摄像头，麦克风音频和系统音频。选择每个选项旁边的向下箭头，选择特定的麦克风或网络摄像头。

（3）单击"rec"按钮，开始录制，如图 5.29 所示。

图 5.29　录制设置界面

3. 结束视频录制

录制完成后，选择任务栏中的 Camtasia 录像机图标，然后单击"停止"按钮。如果需要重新录制，请选择"删除"按钮重新开始，如图 5.30 所示。

图 5.30　停止录制

➢ 小技巧：按"F10"键停止录制，或按"F9"键暂停或继续录制。

5.2.4　视频的剪辑与合成

1．剪除录制错误

通常我们会在录制的开始和结束时录制一些额外的内容。要删除多余的内容，拖动播放头上的红色或绿色手柄以选择要删除的区域，然后选择"剪切"按钮即可。剪切后会出现一条缝合线，显示切割的位置，如图 5.31 所示。

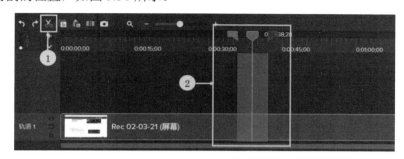

图 5.31　剪除录制冗余和错误

2．添加视频元素

通过"媒体功能区"可以选择添加标题、注释、效果等元素。选择其中一项视频元素并将其从工具面板拖到时间轴或画布，可让视频更加精致，体现专业水准。

在 Camtasia 中，视频是在时间轴上创建的，从左到右顺序移动，可以安排和编辑屏幕录像、音频剪辑、标题等。时间轴分为几层，称为轨道，顶层的媒体会覆盖下面的媒体，如图 5.32 所示。

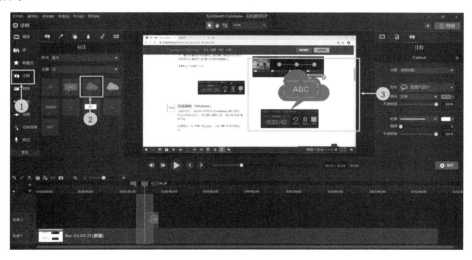

图 5.32　添加视频元素

3．视频的导出

准备导出或共享视频时，先选择编辑器右上角的"导出"按钮，然后单击一种导出目标格式，如图 5.33 所示。

图 5.33　导出视频文件

🔜 任务演练——制作培训教学视频

任务演练　　　任务效果

　　小傅为了配合线上教学，需要制作几个培训教学视频，他首先将自己讲解演示文稿的过程录制成视频，对视频做合理的剪裁，通过 Camtasia 内置的模板为视频添加一个精彩的片头，并且在重要的地方添加注释等视频元素，其效果如图 5.34 所示。

图 5.34　"视频片头"效果图

1．创建项目

　　创建新的视频项目，导入已经录制好的教学视频"移动应用开发.mp4"，并将视频拖曳到时间轴面板的"轨迹 1"当中，如图 5.35 所示。

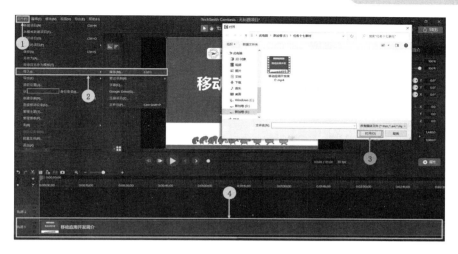

图 5.35 创建视频项目

2. 制作片头

在"媒体功能区"中的"库"选项卡中，选择"片头"→"Stationary"，将预置片头拖入"轨迹 1"当中，并且将片头属性"Title"设置为"移动应用开发简介"，将"Subtitle"设为"温州×××物联网技术有限公司"，如图 5.36 所示。

图 5.36 添加片头素材

3. 添加背景音乐

将素材文件夹下的"轻音乐.wav"直接拖入"时间轴面板"中的"轨迹 2"，并且将"轻音乐.wav"的"增益"属性调整为"60%"，作为视频开头的背景音乐，如图 5.37 所示。

4. 删除冗余

在"时间轴面板"中拖动绿色手柄至"00:03:58"，拖动红色手柄至"00:04:35"然后选择"时间轴面板"中的"剪切"按钮，删除无须讲解的内容，如图 5.38 所示。

5. 添加气泡注释

在"媒体功能区"中的"注释"选项卡中，选择红色气泡样式，拖曳到"轨迹 2"的"00:01:56"处，并将文字修改为"务必到官网下载"。最后导出视频，如图 5.39 所示。

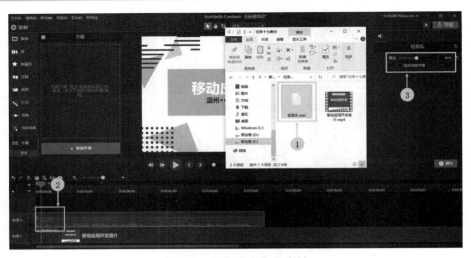

图 5.37　添加背景音乐素材

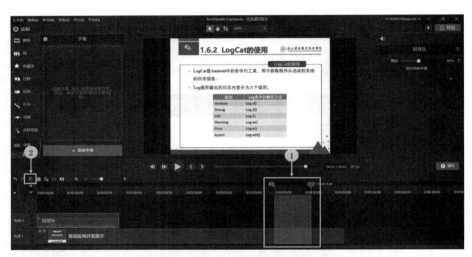

图 5.38　删除无须讲解的视频内容

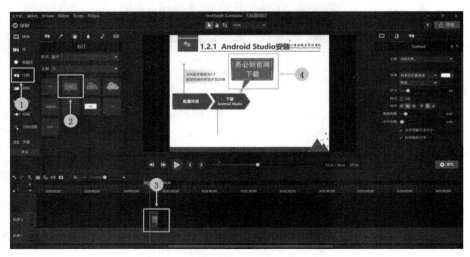

图 5.39　添加气泡注释

任务拓展——优化培训教学视频

领导审核了小傅制作的教程视频，表示基本满意，但是也提出了一些修改意见，需要小傅进行优化整改。在原有视频的基础上，领导要求小傅在除封面以外的地方，隐去合作单位的标志，并且在关键的地方添加字幕和转场特效，效果如图 5.40 所示。

 任务拓展

 任务效果

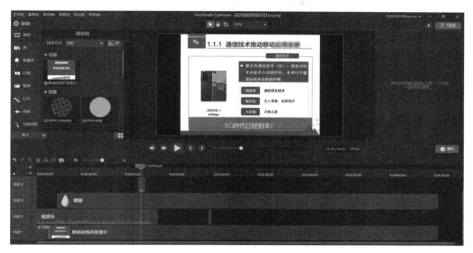

图 5.40　教学视频合成结果图

1. 模糊视频内容

在"媒体功能区"中的"注释"选项卡中，选择水滴型图标"模糊和高亮"，拖曳至"视频预览编辑区"，调整大小，以便遮盖合作单位的标志，将"轨迹 3"的开始时间调整到"00:00:13;24"处，并且将持续时间延长到视频结束为止，如图 5.41 所示。

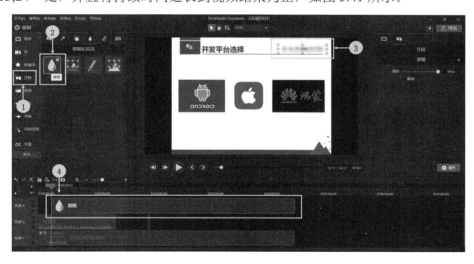

图 5.41　视频中添加区域模糊

2. 添加视频切换效果

在"媒体功能区"中的"转换"选项卡中，选择"条带"，拖曳到"时间轴剪辑区"中"轨迹 1"的片头与视频的连接处，如图 5.42 所示。

图 5.42　添加视频切换（转场）效果

3. 添加注释动画

（1）在"媒体功能区"中的"注释"选项卡中，选择红色气泡样式，拖曳到"轨迹 2"的"00:01:08;21"处，并将文字修改为"5G 时代已经到来"，文字颜色设置为白色，同时，将背景颜色设置为"红色"，透明度设置为"80%"，如图 5.43 所示。

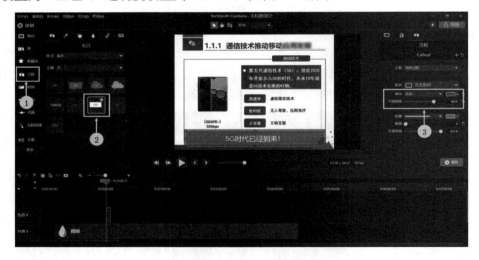

图 5.43　添加气泡效果

（2）在"媒体功能区"中的"行为"选项卡中，选择"缩放"，拖曳到"时间轴剪辑区"中"轨迹 4"的注释时间轴上，为注释添加缩放弹出效果，如图 5.44 所示。

➡ 任务巩固——直播课程的录制

教学需要用到的视频资料已全部录制完成，培训正式开始。在给学员进行直播培训的同时，小傅还需要将直播的授课过程录制下来，方便学员在课后回看巩固，效果如图 5.45 所示。

任务巩固

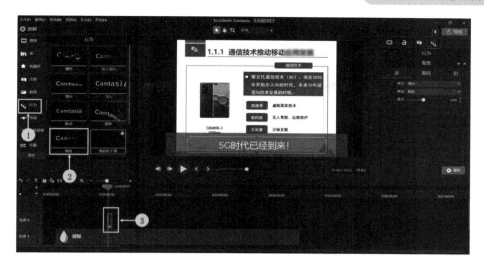

图 5.44 为注释添加动画效果

图 5.45 录制直播画面

项目 **6**

新一代信息技术概述

项目介绍

随着新一代信息技术的发展，云计算、大数据、物联网、人工智能技术成为了信息化发展的主要趋势。云大物智技术极大程度地改善了人类社会的生活，了解云大物智技术更有利于融入信息化潮流。

任务安排

任务 1　云计算技术

任务 2　大数据技术

任务 3　物联网技术

任务 4　人工智能技术

学习目标

◇ 认识了解云计算技术

◇ 认识了解大数据技术

◇ 认识了解物联网技术

◇ 认识了解人工智能技术

任务1　云计算技术

➡ 任务目标

❖ 了解云计算的概念
❖ 了解云计算的应用

➡ 任务场景

与公司有合作关系的人工智能学院，希望公司能够接纳他们的大一新生开展寒假的专业认知实习。领导指派小傅给这些新生讲解云计算、大数据、物联网和人工智能等领域的新技术。小傅查找了各个领域中的典型案例，并列举了生活中常见的场景，帮助新生了解新技术给人们日常生活带来的变化，以及他们在未来大学生活中即将学习到的知识。

➡ 任务准备

任务准备

6.1.1　云计算的概念

"云计算"是一种计算模式，其概念是在2006年的搜索引擎会议上首次正式提出。其中"云"概念是指电脑、手机等电子产品能够通过互联网进行一系列的资源分享和应用的一种模式，其本质是一种网络，用户可以按自己所需从"云"下载资源或上传资源至"云"，如图6.1所示。而"云计算"则会将用户上传的数据进行处理、计算、分析，并将结果返回给用户。

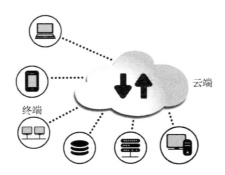

图6.1　云计算的概念图

现阶段的云计算则更接近一种服务，提供包括除资源外的各类计算机资源，如存储器、CPU等硬件资源及相关的应用程序等软件资源。用户通过本地的计算机上传需求信息，云端便能及时提供数据存储或云计算等服务。具体来说，用户可以通过网络上的各类服务器进行数据的存储或者通过相应的网站进行特定软件的使用，以此来替代在自己计算机上执行这些操作。

6.1.2　云计算的特点

云计算作为如今信息化技术企业发展的方向，具备很多特点。与传统的网络应用模式相比，主要的特点有三个方面。

1. 高性价比

云计算可以通过互联网将主机、手机等移动设备整合为一体，形成虚拟资源池进行管理，而这样的管理方式打破了传统手段在物理资源上的限制。例如，为了满足在数据存储、处理方面的要求，中小企业往往需要在服务器的建设与运营上投入大量成本进行维护。而云计算则使得企业可以利用廉价的计算机通过云的方式进行资源管理，节省成本，并且其计算性能远远超过传统主机。

2. 高灵活性

由于云计算能打破传统条件的限制，当前市场上的绝大部分软件和硬件都对网络虚拟化有一定的支持作用。各类 IT 资源，如操作系统、软硬件、存储网络等都可通过虚拟化技术进行云计算的统一管理。这样的方式可以解决不同厂家硬件兼容的问题，还能以低配置的机器达到高性能的运行效果。

3. 高可靠性

云计算技术是移动终端通过互联网实现的。因此，当某一台连接的机器出现问题时，用户在使用过程中不会产生任何存储或者计算方面的影响。云计算技术保证了用户的计算或应用始终分布在不同的服务器之上，从而保证了单一服务器的问题不会影响到任务的正常运作。

6.1.3　云计算的分类

通常来说，云计算分为三类，分别是：基础设施即服务（Infrastructure as a Service，IaaS），平台即服务（Platform as a Service，PaaS）和软件即服务（Software as a Service，SaaS）。

IaaS 是云计算中最基本的类别。使用此服务时，用户无须购买运行应用所需的硬件，例如，服务器等硬件设备，IaaS 公司会提供场外服务器，存储和网络硬件。

PaaS 与 IaaS 颇为相似。对于公司企业来说，所有的开发都可以在 PaaS 层进行。PaaS 的供货商会提供各类开发和分发应用的解决方案，比如虚拟服务器与操作系统和应用设计等工具。总的来说，PaaS 服务会将一个完整应用的开发环境提供给用户，用户可以利用此平台进行创建、测试和部署应用。

SaaS 是日常使用计算机中最常接触到的一种服务。SaaS 大多是通过网页浏览器进行接入，任何一个远程服务器上的应用都可通过网络来运行。例如，网页上的各类云端存储应用。

6.1.4　云计算的应用

1. 存储云

这是最常见的一种云应用，又被称为云存储。存储云是一个以数据存储和管理为核心的云计算系统。用户可以将本地的资源上传至云端，同样也可以在任何联入互联网的地方从云端进行资源下载。目前大型的互联网公司皆有这项服务，例如，谷歌、微软等。而国内则由百度云和微云占据绝大部分市场。

2. 医疗云

医疗云，是指在云计算、移动技术、多媒体、5G 通信、大数据和物联网等新技术的基础上，结合医疗技术，使用"云计算"来创建医疗健康服务云平台，实现了医疗资源的共享和医疗范围的扩大。因为云计算技术的运用与结合，医疗云可以提高医疗机构的效率，方便居民就医。像现在医院的预约挂号、电子病历、医保等都是云计算与医疗领域结合的产物，医疗云还具有数据安全、信息共享、动态扩展、布局全国的优势。

3. 交通云

交通行业具有服务对象数量多、安全可靠性要求极高、信息化系统生命周期长等特点。交通云整合了海量的交通信息进行处理、分析，具有强大的计算能力、动态资源调度能力，在交通行业具有高可用性、高稳定性、高安全性等特点。国内已有许多地区投入使用交通云，例如，南京地铁实现地铁生产系统、开发测试环境、便民系统全部上云；中航信建设了远程、跨区域、高效兼容并自主可控的业务云平台。

3. 教育云

教育云实质上是一类教育信息化的发展。具体来说，教育者如教师，可以将教学资源上传至相关网络教学平台，使用者则可联入互联网，从平台上获取资源。教育云提供给教育者和被教育者一个更加方便、快捷的平台。现在流行的慕课就是教育云的一种应用。

除了以上四类，云计算还随着"数字城市"的转型而不断发展。在中国信息通信研究院2019 年 7 月发布的《云计算发展白皮书（2019 年）》中，不仅提到了上述交通云的应用，同时还提到了政务云、金融云、能源云等应用。目前，云计算还处在快速发展阶段，将来会有更多的技术产业涌现。

➜ 任务演练——中国大学慕课网

为了让大家更加了解云计算，小傅推荐了一个"教育云"的应用网站——中国大学慕课（MOOC）网，同时让大家自己尝试使用。

1. 了解中国大学慕课网

慕课（MOOC），英文为 Massive Open Online Course，即大规模开放在线课程。中国大学慕课网是由网易与其他机构合作推出的在线教育平台，承接教育部国家精品开放课任务，向大众提供中国知名高校的 MOOC 课程，任何人都能免费注册并使用。

慕课内的课程与传统大学课程同样都是循序渐进的让学生从初学者一步步成长为高级人才。其中课程的范围不仅包括了广泛的科学学科，例如，数学、物理、化学、统计学、自然科学，还覆盖了社会学科与人文学科。

慕课内每门课程的考核标准由发布者，也就是授课老师设置。考核内容可以由平时作业、课程视频内的提问、最终考试成绩等组成。当学生的最终成绩达到老师要求的标准，即可通过考核，免费获取由学校发出的电子版合格证书，也可以付费申请纸质版证书材料。

2. 注册、登录中国大学慕课网

登录网站 www.icourse163.org，单击右上角"注册"，如图 6.2 所示。

慕课平台允许多种注册登录方式，用户可以通过手机应用进行注册登录，也可以选择直接使用下方的 QQ、微信、微博、人人中的一种进行快捷登录，还可选择"登录"按钮下方的"去注册"进行账号的注册，如图 6.3 所示。

图 6.2　中国大学慕课网

图 6.3　注册、登录窗口

完成注册后，登录账户，就可在搜索框内进行相关课程的搜索，如图 6.4 所示。

图 6.4　课程搜索

选择感兴趣的课程，打开其页面，选择"立即参加"，如图 6.5 所示。

图 6.5　参加课程

参加完成后，在右上角的个人中心可查看已参加的课程，如图 6.6 和图 6.7 所示，单击即可进入课程页面，进行学习。

图 6.6 个人中心　　　　　　　　　　图 6.7 课程查看

任务2 大数据技术

🡒 任务目标

❖ 了解大数据的概念
❖ 了解大数据的应用

🡒 任务准备

任务准备

6.2.1 大数据的概念

大数据是指一类海量的、高增长率的、多样化的信息资产，其规模大到在获取、存储、管理、分析方面超出了传统数据库软件工具能力的数据集合。大数据具有海量的数据规模、快速的数据流转、多样的数据类型和价值密度低四大特征。

大数据的意义不在于掌握庞大的数据信息，而在于对这些含有意义的庞大数据进行专业化处理加工，提取出所需信息。从技术上看，大数据与云计算的关系就像一枚硬币的正反面一样密不可分。大数据必然无法用单台的计算机进行处理，必须采用分布式架构。它的特色在于对海量数据进行分布式数据挖掘，但它必须依托云计算的分布式处理、分布式数据库和云存储、虚拟化技术。

6.2.2 大数据的发展背景

在计算机科学中，描述容量大小的单位按顺序依次为：bit、Byte、KB、MB、GB、TB、PB、EB、ZB、YB、BB、NB、DB，而在日常生活中最常接触的计算机或手机的存储单位为

GB。而随着物联网、社交网络、云计算等技术的不断更新与应用，人类在互联网、通信、金融、商业等不同方面的数据每天都在呈现海量式增长。

早在 2011 年时，全球数据存储量便达到 1.8ZB，在 2015 年时更是增长了近四倍，2020 年的预测数据总量更是达到 44ZB。在如此背景下，人们意识到如何有效地解决海量数据的利用问题十分具有研究价值和经济利益。

面向大数据的数据挖掘具有两个最重要的特性。一是实时性，如此海量的数据规模需要实时分析并迅速反馈结果。二是准确性，需要我们从海量的数据中精准提取出隐含在其中并且是用户需要的有价值信息，再将挖掘所得到的信息转化成有组织的知识以模型等方式表示出来，从而将分析模型应用到现实生活中提高生产效率、优化营销方案等。

6.2.3　大数据的发展趋势

1. 数据资源化

资源化是指大数据作为企业和社会关注的重要战略资源，已成为大家争相抢夺的新焦点。因此，企业必须要提前制定大数据营销战略计划，抢占市场先机。

2. 与云计算的深度结合

大数据离不开云计算，云计算为大数据提供了弹性可拓展的基础设备，是产生大数据的平台之一。大数据技术早已开始和云计算技术紧密结合，预计未来两者关系将更为密切。除此之外，物联网、移动互联网等新兴计算形态，也将一齐助力大数据革命，让大数据营销发挥出更大的影响力。

3. 科学理论的突破

随着大数据的快速发展，就像计算机和互联网一样，大数据很有可能是新一轮的技术革命。随之兴起的数据挖掘、机器学习和人工智能等相关技术，可能会改变数据世界里的很多算法和基础理论，实现科学技术上的突破。

4. 数据科学和数据联盟的成立

未来，数据科学将成为一门独立的学科，被越来越多的人所认知。各大高校将设立专门的数据科学类专业，将会催生一批与之相关的新的就业岗位。与此同时，基于数据这个基础平台，也将建立起跨领域的数据共享平台。以后，数据共享将扩展到企业层面，并且成为未来产业的核心一环。

5. 数据生态系统复合化程度加强

大数据的世界不只是一个单一的、巨大的计算机网络，而是一个由大量活动构件与多元参与者元素所构成的生态系统，是由终端设备提供商、基础设施提供商、网络服务提供商、网络接入服务提供商、数据服务使能者、数据服务提供商、触点服务、数据服务零售商等一系列的参与者共同构建的生态系统。而接下来的发展将趋向于系统内部角色的细分，也就是市场的细分；系统机制的调整，也就是商业模式的创新；系统结构的调整，也就是竞争环境的调整等，从而使得数据生态系统复合化程度逐渐增强。

6.2.4　大数据的特点

大数据具有 5 个特点，分别是大量（Volume）、多样（Variety）、高速（Velocity）、价值性

（Value）、真实性（Veracity），因其英文首字母皆为 V，也被称为 5V。

1. 大量

大量为大数据的基本特征。大数据中数据的产生、采集和存储计算的量都十分庞大。随着信息时代的发展，大型企业的存储单位从过去的 GB 或 TB 至现在的 PB、EB 乃至更大。以沃尔玛为例，沃尔玛每小时约有 100 万笔交易产生，其大数据生态系统每天要处理 TB 级的新数据以及 PB 级的历史数据。

2. 多样

大数据的种类与来源十分多样化，包括结构化、半结构化和非结构化数据。随着信息技术的发展，又扩展到网页、社交媒体、感知数据，涵盖音频、图片、视频等。例如，一些手机应用产生的日志数据便为结构化数据，而图片、视频等为半结构化数据。

3. 高速

高速描述的是大数据的产生与处理。现阶段数据的产生十分迅速，每个人每天都在产生大量的数据，而这些数据需要进行及时的处理。例如搜索引擎要求几分钟前的新闻能及时被用户搜索到，社交媒体内的信息需要进行及时的分析处理等。而这种对大数据处理的速度要求保证了大数据的时效性，保证了其价值。

4. 价值

获取大数据中的价值便是处理大数据的主要目的。大数据因其数据信息庞大导致其中的数据价值密度低，如何通过强大的算法从中挖掘出有价值的数据是大数据时代最需要解决的问题。

5. 真实

真实是大数据信息的准确性与可信赖度的保障。大数据中的信息是从真实生活中产生的，因此对大数据进行处理后得到的解释或预测是可信赖的，其真实性恰恰也是其价值性的保证。

6.2.5 大数据的应用

大数据目前已经应用在金融、餐饮、能源、娱乐等许多行业，并且还在不断发展中。

1. 电商行业

电商行业是最早将大数据用于精准营销的行业。它会利用大数据技术对消费者在消费过程中留下的海量数据进行分析，并且会根据消费者的购买习惯或某一时间段商品的购买量进行商品推荐，如图 6.8 所示。大数据的高精准度极大地提高了电商行业的营销效率。

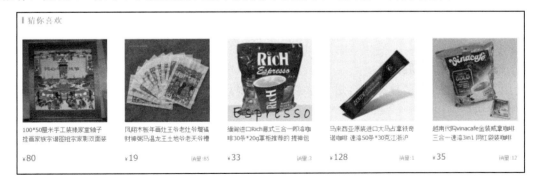

图 6.8　网购商品推荐

2. 娱乐行业

目前手机短视频应用十分火爆，其中视频推送功能便是大数据的一种应用。在分析用户的喜好习惯后，它会对用户进行有针对性的推送。

3. 金融行业

大数据在金融行业的应用十分广泛，其中大数据风控便是一个主要的应用场景。银行会通过收集历史数据进行统计分析和大数据建模建立风控体系，从而进行个人信用的评分与风险的控制。证券公司会利用大数据技术进行潜在客户的挖掘、存量客户的经营和优质客户的流失预警。随着金融改革进程的加快，建立多元化、安全、诚信的运作系统是未来金融行业发展的必然趋势。

随着云计算的发展，大数据实际上已经融入到人类社会的方方面面，每个人都享受到了大数据带来的便利。而大数据在泄露个人隐私方面的问题还需要更进一步的探讨与改进，总的来说，大数据在不断改善着我们的生活。

➡ 任务演练——大数据预测票房

小傅为了让大家更加直观地了解大数据分析的原理，他从知乎上寻找了一个大数据预测2019 年春节档票房的案例。使用数据挖掘预测票房的主要思路是由历史票房变化预测出春节档总票房，然后根据各导演、演员制作的历史电影质量、票房情况等预测出各电影票房的占比，最后综合预测出各电影的实际票房。

1. 获取数据

首先数据挖掘出所需要的数据，例如从各类电影网站上获取某部电影的属性信息，包括评分、评价人数、常用标签等，如图 6.9 所示。

图 6.9　票房数据

2. 使用算法工具预测

使用算法工具将诸多数据整合进行总票房的预测。案例中使用了 FineBI 工具预测出春节档首周总票房。

3. 预测电影质量

对于电影来说，除剧情外，其导演与演员的人员组成也是十分重要的。根据历史电影评分、导演信息、演员信息、票房信息、电影类型信息、评价信息等特征进行组合，再结合历史票房数据等通过加权算法得到相关的预测结果。

任务 3　物联网技术

任务目标

- ❖ 了解物联网的概念
- ❖ 了解物联网的应用

任务准备

6.3.1　物联网的概念

物联网，即"万物相连的互联网"，是在互联网基础上延伸和扩展的网络。它通过信息传感器、射频识别技术、红外感应器等装置与技术实时采集任何诸如声、光、热等信息。物联网的核心和基础仍然是互联网，它更进一步将用户端扩展到了物品与物品之间，将物品与互联网相连，以此进行信息的交换与通信，以实现对物品的智能化识别、定位、管理等功能，如图 6.10 所示。

图 6.10　物联网概念图

6.3.2　物联网的结构与特征

物联网可以分为三层，分为感知层、网络层和应用层。每层都具有其相对应的特征。

1. 感知层整体感知

感知层由各类传感器构成，例如摄像头、温湿度传感器、红外线、GPS 等，是物联网识别、采集信息的来源。它将现实世界的各类信息通过技术转化为可处理的数据或数据信息。而整体感知为各种感知技术的广泛应用。每个传感器都是一个信息源，不同种类的传感器所捕获的数据内容与数据格式也大不相同，并且所采集的数据具有实时性。

2．网络层可靠传输

网络层由各种网络，例如互联网、光电网、云计算平台等构成，是物联网的中枢，负责处理和传递从感知层获取的信息。由于所采集的数据信息数量极其庞大，因此在数据传输过程中，为了保证其准确性与实时性，网络层必须适应各种异构网络与协议，实现"可靠传输"。

3．应用层智能处理

应用层是用户与互联网的接口，用户由此接口实现物联网的智能应用。应用层是物联网体系结构的最高层，它与各类行业结合从而实现行业的智能化，对采集的信息进行智能分析、加工和处理，为用户提供丰富的服务。

6.3.3　物联网的关键技术

1．射频识别技术

射频识别技术（Radio Frequency Identification，简称 RFID）是一种简单的无线系统，由一个询问器或阅读器和很多应答器或标签组成。标签由耦合元件及芯片组成，每个标签具有扩展词条唯一的电子编码，附着在物体上标识目标对象，它通过天线将射频信息传递给阅读器，阅读器就是读取信息的设备。RFID 技术依靠电磁波，能够无视尘、雾、塑料、纸张等障碍物，同时读写速度极快，高频段的 RFID 阅读器甚至可以同时识别多个标签。随着 NFC 技术在智能手机上的普及，每个用户的手机都可成为最简单的 RFID 阅读器。

2．传感网

传统的传感器正逐步实现微型化、智能化、信息化、网络化。其中微机电系统（Micro-Electro-Mechanism System，MEMS）将微传感器、微执行器、信号处理和控制电路、通信接口和电源等部件组成一体化的微型器件系统，并且将信息的获取、处理执行集成在一起，使系统有了存储功能、操作系统和应用程序。而其他技术，如片上系统（SOC，System on Chip）、无线通信和低功耗嵌入式技术的飞速发展，致使无线传感网络（Wireless Sensor Networks，WSN）技术应运而生，并以其低功耗、低成本、分布式和自组织的特点带来了信息感知的一场变革，成为当前所有领域内的新热点。

无线传感器网络是一种跨学科技术，是由部署在监测区域内大量的廉价微型传感器节点组成，通过无线通信方式形成的一个多跳自组织网络。基于 MEMS 的微传感技术和无线联网技术为无线传感器网络赋予了广阔的应用前景。这些潜在的应用领域可以归纳为：军事、航空、反恐、防爆、救灾、环境、医疗、保健、家居、工业、商业等，如图 6.11 所示。

图 6.11　传感网概念图

3. M2M 系统框架

M2M 是 Machine-to-Machine/Man 的简称，是一种以机器终端智能交互为核心的、网络化的应用与服务。M2M 技术涉及五个重要的技术部分：机器、M2M 硬件、通信网络、中间件、应用。通过在机器内部嵌入无线通信模块，以无线通信等为接入手段，它可以为客户提供综合的信息化解决方案，以满足客户对监控、指挥调度、数据采集和测量等方面的信息化需求，并且将数据信息从一台终端传递至另一台终端，实现业务流程、工业流程更加趋于自动化。

6.3.4 物联网的应用

1. 智能交通

物联网技术在交通方面有着十分广泛的应用。随着社会车辆的普及，交通已经成为城市发展的一大问题。智能交通通过各个传感器，如摄像头、GPS 等设备对交通数据进行采集，再由相应技术进行处理分析，其结果可应用于机场、车站的客流疏导系统、城市交通的智能调度系统、机动车自动控制系统等。智能交通系统有效地提高了交通运输效率，缓解交通阻塞，同时减少了交通事故的发生，如图 6.12 所示。

图 6.12　运用 RFID 的自动感知车道

2. 智能家居

智能家居以住宅为平台，利用物联网技术将住宅内的电子设施进行集成，构建成一个管理系统。目前许多家庭设备，都可以与其他相关设备相连，形成一个"家庭网络"，再由每个程序内部设置的程序或管理端的应用进行控制。例如，用户可以通过呼叫智能音箱来控制相关电子设备或使用手机端的应用进行电子设备管理。

3. 公共安全

物联网在预防、预警各类自然灾害和应对公共安全事故方面同样提供了有效的帮助。将相应的感知装置置于海下，可以监测海洋状况，对海洋污染、海底资源的探测甚至预防海啸等提供可靠的信息。利用物联网技术还能监测大气、土壤、森林等各方面指标，对可能到来的情况采取相应措施，台风预警也是其中一类情况。物联网同时也对除自然灾害外的事故带来巨大收益。例如，物联网的传感器可以对建筑物的信息进行采集和监测，预防可以出现的事故；智能交通功能能缩短警务人员、医务人员的响应时间，更快到达目的地；摄像头等传感器能采集人脸数据，对在逃嫌犯进行追踪等。

➡ 任务演练——接触物联网应用设备

为了帮助大家理解物联网的概念，小傅列举了一些日常生活中经常接触到的物联网设备。

1. 安防设备

生活中最常见的安防设备便是监控摄像头。单单一个十字路口就能安装几十个摄像头进行不间断的全天监控。这些摄像头不仅能识别车辆牌照信息，还能对人群进行监控，对某个人进行人脸识别并与终端信息进行对比，得出身份信息，如图6.13所示。

图6.13 监控设备

2. 智能公交

现阶段许多公交站台内都设有电子站牌，乘客可以通过观看电子站牌显示的各辆车辆的信息得知车辆的到站时间，或者可以通过手机应用查看车辆到站时间。这是因为公交车内搭载了GPS系统并与公交控制中心实现定位数据传输，控制中心计算出相应的到站时间后再将数据传至电子站牌进行显示。除此之外，公交内还搭载各种其他联网设备，如摄像机、拾音机、紧急报警按钮等。各个设备相连并通过公交控制中心进行数据共享、交换，形成一个智能公交网络系统，如图6.14所示。

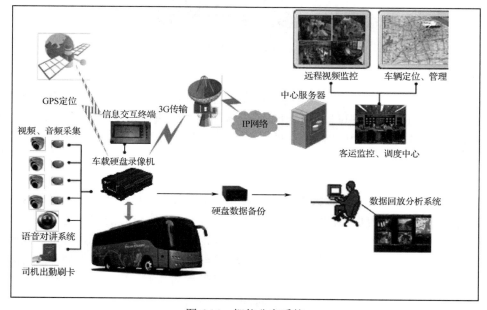

图6.14 智能公交系统

任务4 人工智能技术

任务目标

❖ 了解人工智能的概念
❖ 了解人工智能的应用

任务准备

任务准备

6.4.1 人工智能的概念

人工智能是计算机科学的一个分支，它试图了解智能的实质。人工智能涉及的领域除计算机科学之外，还包括心理学、哲学、语言学等其他学科。它可以对人的意识、思维的信息过程进行模拟，以生产出一种与人类智能相似的计算机智能，如图 6.15 所示。因此，人工智能的一个主要目标便是使机器能胜任一些需要人类智能才能胜任的工作。

图 6.15 人工智能概念图

人工智能是一门极富挑战性的学科，该领域的研究包括机器人、语言识别、图像识别、自然语言处理、专家系统等。人工智能自诞生以来，理论和技术日益成熟，应用领域也在不断扩大。

6.4.2 人工智能的研究方法

在 1956 年，人工智能学科被正式提出，发展至今已经成为一门广泛的交叉和前沿科学。总的来说，人工智能的目的就是让一台计算机能够像人类一样进行思考。人类的大脑是由数十亿个神经细胞组成，人类本身对其的了解也是有限的，更别说使用计算机进行模仿。而如今没有统一的原理或范式指导人工智能研究，因此研究者始终在研究方法上存在争论。

1. 符号主义学派

符号主义学派认为智能活动的理论基础来源于物理符号系统，认知的基元是符号，认知过程是符号模式的操作处理过程。它以符号处理为核心对人脑功能进行模拟，把问题或知识表示为某种逻辑结构，运用符号演算，实现表示、推理和学习等功能，然后从宏观上模拟人脑思维，实现人工智能功能。符号主义是最早采用"人工智能"这个术语的学派，符号主义的研究方法也是最早产生和应用最广泛的研究方法。

符号主义方法虽能模拟人脑的高级智能，但也存在不足之处。在用符号表示知识的概念时，其有效性很大程度上取决于符号表示的正确性和准确性。当把这些知识概念转换成推理机构能够处理的符号时，可能丢失一些重要信息。

2. 联结主义学派

联结主义学派认为思维基元不是符号而是神经元，认知过程也不是符号处理过程。不同于符号主义学派，联结主义从结构上对大脑进行模拟，即根据人脑的生理结构和工作机理来模拟人脑的智能，属于非符号处理范畴。

联结主义方法通过对神经网络的训练学习，也成功地应用到许多方面。但其只能对人脑进行局部模拟，并且不适合模拟人的逻辑思维过程，受到大规模人工神经网络制造的制约。

3. 行为主义学派

行为主义学派源于"控制论"，他们认为智能取决于"感知——行动"模式，人工智能要想建立感知、注重模拟生物智能行为，需要在现实世界与周围环境进行交互，从而实现自己学习、进化。

行为主义在 20 世纪末才受到广泛关注。其中最具有代表性的六足行走机器虫被看作新一代"控制论动物"，但机器虫模拟的只是低层智能行为，并不能代表高级智能控制行为。

6.4.3　人工智能的特点

不管是哪一类研究方法，其目的始终是让计算机完成对人类思维的模拟。而在目前，人工智能领域的观点可以大致分为两类：强人工智能与弱人工智能。

强人工智观点认为，在未来是有可能制造出真正地能够进行推理、思考、解决问题的人工智能机器。这样的机器是被认为有知觉的、有自我意识的，并且具有自己的价值观与世界观的认知体系，某种方面来说也被认为是一种文明。

弱人工智能则认为不能制造出真正能够进行推理、思考、解决问题的人工智能机器。制作出来的智能机器只是看上去有一定的推理和逻辑能力，并不拥有真正的智能。所以弱人工智能的目的是利用现有的智能化技术对人类的生活进行改善，发展。

除了这两个以外，一些人工智能学家还提出了"超人工智能"的概念。在超人工智能阶段，人工智能会跨越过某个"奇点"，在计算与思维方面的能力远远超过人脑从而达到一个人类无法理解的程度。实际上，许多科幻电影内出现的能力夸张的机器人都可以算作超人工智能。

6.4.4　人工智能的应用

人工智能目前所能达到的功能十分繁多，例如机器视觉、指纹识别、人脸识别、虹膜识别、语音识别、自动规划、智能搜索、智能控制、图像理解、自然语言处理等。这些功能使得人工智能的应用十分广泛，包括计算机领域、金融领域、医学领域、工业领域、教育领域等。

1. 医学领域

临床医学可用人工智能系统组织病床计划，提供医学信息；图像识别功能可以帮助医生识别医学图像，帮助发现潜在病变；辅助决策系统可以搜集大量数据信息，对医生临床诊断提供帮助，如图 6.16 所示。

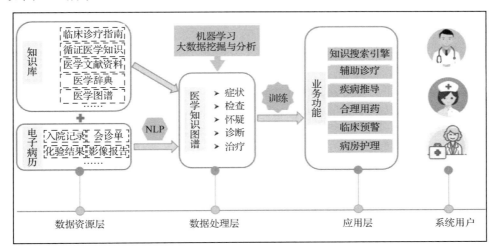

图 6.16　智能医疗系统

2. 智能安防

人工智能应用在安防方面有着十分显著的成效。随着物联网的普及，监控领域的数据量都在呈现爆炸式增长。计算机视觉、人脸识别功能可以在海量的数据中进行数据的处理分析，从而保证在事故前进行预防。除此之外，人脸识别功能进行的人像识别与人脸对比还能为打击犯罪提供有效帮助。

3. 语言翻译

人工智能中的自然语言处理的一个主要应用便是外文翻译。但目前常见的翻译软件或者网页在精准翻译上始终存在一定的障碍，这是因为自然语言处理仍然在发展。

4. 智能服务

根据自然语言处理、语音识别等技术生产的 AI 助手现在存在于许多领域。AI 机器人可以对用户的文字、语音进行分析，理解用户意图。常见的线上 AI 客服便是以文字对话的方式提供线上服务，而 AI 音箱则是通过语音识别执行动作。

除此之外，人工智能同样在交通、金融、移动通信等领域有着极大的应用，可以预见人工智能在今后会成为人类社会生活的重要部分。

➡ 任务演练——人工智能的应用

小傅为了介绍人工智能的应用，又特意将安防设备的运用再次介绍了一遍，同时也介绍了其他的应用场景。

1. 人脸识别

在学校或者宿舍的门口常常会安装人脸识别门禁系统，对学校或宿舍的进出人员进行检验，如图 6.17 所示。整个人脸识别过程大概分为四个步骤：人脸图像采集与检测；人脸图像预处理；人脸图像特征提取；人脸图像匹配与识别。

在第一步时，摄像头会自动搜索并采集出现在设备拍摄范围内的人脸图像。然后对图像进行人脸检测，在图像内准确的标定出人脸的位置与大小。

采集与检测完成后的图像由于受到环境等各种条件的干扰和限制，往往不能直接使用，因此需要对图像进行预处理。对于人脸图像而言，预处理过程主要包括人脸图像的光线补偿、灰度变换、直方图均衡化等。

预处理完后的人脸图像便可以进行第三步的人脸图像特征提取。特征提取可以根据人脸器官的形状描述和它们之间的距离特性提取有利于人脸分类的特征数据，也可以根据人脸五官之间的几何结构关系进行特征提取。

在提取完人脸特征后，系统将其特征数据与数据库内已存在的数据进行搜索匹配。系统通常会设定一个阈值，当相似度超过这个阈值时，便把匹配得到的结果输出，即是否允许通过门禁系统。

图 6.17　人脸识别门禁系统

2. AI 智能音箱

AI 智能音箱是音箱的升级产物，它在音箱内加入简单的人工智能系统以实现一定程度的智能控制，如图 6.18 所示。用户可以通过语音的方式对其下达指令，例如"播放×××歌曲""明天的天气如何""怎么去附近的商场"等。智能音箱可以通过语音识别，对用户的命令进行分析，再返回相对应的回答。现阶段的 AI 智能音箱已经能与许多智能家居设备相连，用户可以通过智能音箱，使用语音控制其他智能家居设备。

图 6.18　AI 智能音箱